愿幸福之花与智慧之光
长伴身侧。
感恩之心常驻心田。

赠予______________________

______________________赠

# 不要活得太完美

[韩] 慧敏 著
盛辉 译

中信出版集团 · 北京

图书在版编目（CIP）数据

不要活得太完美 /（韩）慧敏著；盛辉译. -- 北京：
中信出版社，2018.12
ISBN 978-7-5086-8831-2

Ⅰ.①不… Ⅱ.①慧… ②盛… Ⅲ.①人生哲学—通
俗读物 Ⅳ.①B821-49

中国版本图书馆CIP数据核字(2018)第154468号



不要活得太完美

著　　者：[韩]慧敏
译　　者：盛　辉
出版发行：中信出版集团股份有限公司
（北京市朝阳区惠新东街甲4号富盛大厦2座　邮编　100029）
承 印 者：北京画中画印刷有限公司

开　　本：880mm×1230mm　1/32　　印　　张：8.5　　字　　数：160千字
版　　次：2018年12月第1版　　印　　次：2018年12月第1次印刷
广告经营许可证：京朝工商广字第8087号
书　　号：ISBN 978-7-5086-8831-2
定　　价：42.00元


服务热线：400-600-8099
投稿邮箱：author@citicpub.com

# 不要活得太完美

愿阅读此书的所有朋友们：

幸福、健康、平安；

无论身处何方都能得到护佑；

永远都不忘自身的尊贵；

少年的梦，布面油画，130厘米×80厘米，2013年

# 序言

## 爱
## 超越理解

生活中总是能观赏到让人无法忘怀、回味无穷的电影，《大河恋》（*A River Runs Through It*）对我来说就属于此类。这部电影以20世纪初美国蒙大拿州美丽的自然风光为背景，讲述了视钓鱼如宗教般重要的麦考连一家的故事。身为牧师的父亲有两个儿子，大儿子诺曼更为符合爸爸的期望，成了教授。而小儿子保罗则就职于当地报社，过上了放荡不羁的生活。最终，保罗由于无法偿还赌债而惨遭杀害。由于失去儿子而陷入失落的父亲在周日的礼拜时间哀悼了自己的儿子，同时还向圣徒们说出了精心准备的如下话语：

“我们可以不完全了解一个人，但我们仍旧可以全心全意地去爱他。”

站在身为牧师的父亲立场上，他无法理解小儿子保罗为什么会过上放荡不羁的生活，但他对儿子的爱从未停止过。即，这部电影向我们传达了爱超越了属于智慧范畴的理解这一信息。这种爱不是只有在自己留心的时候，或者在自己能理解的时候才存在，这种从始至终就存在的父爱即便不留心，即便自己不理解，也从未停止过。这种爱就像是江水一般，长流于我们的心田。

纵观我们的生活会发现，我们其实会看到很多并不完美的问题事件。即便是对自己进行剖析，也会感到多有欠缺。言行不一，人与人之间心存芥蒂，学习和工作并没有想象的那么顺利。此外，生活中我们有时会给他人造成伤害，还会因为做了充满负罪感的行为而感到后悔。

其实，对于我们的家人、朋友和同事来说也是如此。孩子不听父母亲的话、父母亲不理解自己、丈夫或妻子那些让人难以忍受的恶习等情形会马上映入我们的眼帘。上了年纪的兄弟会因为金钱或健康问题令我们担忧，某一瞬间会想远离那些只知抱怨的朋友。每天早上看新闻会发现战争、矛盾，各种事件、事故层出不穷。

然而，即便生活在这充满了各种不完美的世界里，我们也无法放弃对这些不完美的爱。因为就算是出于我们不喜欢、不理解而引发嘲笑和憎恨，我们在现世的生活也是非常宝贵的。而且，通过祈祷和修行会发现，我们所拥有的并不仅仅是不完美的一面，同时还能感受到那些善待不完美的怜悯视线。这种视线就像是母亲凝视唯一的孩子般充满爱意和包容。

虽然不足之处甚多，但本书中还是包含了很多我本人在这怜悯的视线中，观察自我和世界产生的一些想法。此外，我通过心灵治疗方面的讲演与众多读者见面。从这些读者和朋友身上，我学到了很多，同时他们也成了我的素材。生活中出现的诸多苦恼，可能即便你拥有多个心理学博士学位，也很难解开。这些问题具体而又紧迫。这些人是引导我走向智慧之路的大师，同时也是让我时刻敞开心扉的怜悯的化身。希望我这本还有很多不足之处的书能够给予读者朋友们哪怕是暂时的慰藉和勇气，同时也希望能够让大家更加包容自我，领悟到爱的真谛。愿本书能够成为您在面对绝望时在旁边给予温暖的双手，能够让您在感到混沌时得到片刻休憩的平静。

写于首尔仁寺洞心灵之家

慧敏　敬上

# 目录

## 5. 亲 人 篇
### 我的爱和心中的伤痛



## 6. 治 疗 篇
### 与怜悯的眼神相遇



## 7. 本 性 篇
### 静谧中醒悟的心



## 8. 包 容 篇
### 允许做回真正的自己

# 1. 自爱篇

宛如母亲守护唯一的孩子

当我们懂得珍惜自己的时候，

这个世界也会开始珍视你。

午觉，布面油画，53厘米×33.3厘米，2011年

## 不要<br>太委屈自己

你是否也是从小听着“这孩子真善良”这样的话长大的呢？通常情况下你都不会违背父母、老师、亲戚长辈们的话，就算是有难事儿，也不会表达任何不满。即使现在已经长大成人，你是否仍在尽自己最大的努力来完成自己所承担的工作，并且尽量不给别人造成困扰呢？就算是遇到了让自己难堪的人，抑或是受到了不公平的待遇，也会出于“忍一时风平浪静”的想法而保持沉默。另外，从来不说一句会给别人造成伤害的话，也不说一句能让双方关系恶化的话。

越是“善良”的人，越容易患上抑郁症、惊恐症，或者是源于职场和家庭关系的类似于郁愤成疾的心理疾病。这类人的共同特点就是说话温和、品性纯良，还很会照顾他人。即便有自己想做的事情，抑或是有自己期望的方向，只要别人有其他的想法，他们就会毫不犹豫地牺牲自己。为什么对于这些善良的人们，连老天都置之不理，让他们经受心灵的折磨呢？而且这样的情况不止发生一两次。

事实上，我小时候也是个内向温顺的孩子，因此在成长的过程中经常会听到别人说我“善良”，是不会让父母操心的善良孩子，非常听老师话的善良学生，这一切只是因为我认为那样做是对的。然而，随着来到美国学习，我第一次意识到一味地委屈自己其实也是个很严重的问题。与聪明且强势的同学一起做小组任务时，大家总是会把他们都尽量回避的部分交给我来完成。虽然我总是认为多一事不如少一事，但此类事情总是出现，我的压力不是一般的大，因为他们只是让我自己一个人辛苦。当我把这个苦恼倾诉给一位非常要好的美国前辈时，他劝我说：

“你首先需要做到的是对自己好一点儿，善待自己，而不是先考虑别人。”

当时听到这句话的时候，我的后脑勺就像挨了一拳似的。我也是直到那时才意识到自己一直都太在乎别人对自己的看法，而从来没有考虑过爱惜自己。

别人所说的“善良”也许说的就是这种情况。我们称赞别人善良，通常都是因为这个人比较愿意满足他人的要求，而忽视了自己的主见。即便有自己明确的期望和目标也不会表达出来，而是遵从别人的意见。因为听话，所以这个人当然就成了能够让人感到舒服的人、好人、善良的人。这样导致的结果似乎就是，我们会对那些因为总是先考虑到别人而忽视自身需求的人说“你真善良”。

虽然不能就此断言，但是通过与饱受像抑郁症这类心理疾病之苦的“善良的人”谈心会发现，他们小时候与父母等养育者之间的关系都存在一些相似点。比如说，在严厉的父亲或者性格比较强悍的母亲身边长大的人会显得很孤独；而夹在兄弟姐妹之间，不受父母重视的人会非常希望得到父母的认可。有时候，父母的关系不好，抑或是家庭条件不优越，也会让一些孩子下定决心要让父母摆脱困境。

然而问题是，如果过于在乎他人的需求，会在不知不觉中泯灭自己内在的需求和情感。由于没有重视自己当下的感觉，反而去排斥它，那么即使长大成人，这类人也会变得不知道自己究竟想要做些什么，自己究竟又是谁。当遇到不公平待遇或刻意为难自己的人时，他们会将自己的愤怒和委屈自动隐藏起来，进而不得不向着对方的想法，并将这种愤怒继续深埋于心底，从而导致自己委屈自己的情况出现。也就是说我们会产生“为什么我会是个不能正常生气、不能正常表达自己想法的傻瓜呢？”这种想法。

首先请大家一定要记住：即使自己的情感受到无视，也没什么大不了。因为这会让我们更加关心自己，这是非常宝贵的。而且我们内心的情感也不会因为自己的刻意压制和无视而消失。许多心理问题都是因为习惯性地压抑自己，且无法找到将这些被压抑的情感通过健康的方式排除到体外的路径而导致的。就像是积水无法流动会腐臭一样，情感积压过多而无法排除也会变质。

现在还为时不晚。从现在开始，在按照别人的意愿做事之前，请先听一下自己内心的声音，想想自己究竟想要的是什么。即使我们收到了别人让我们做这样或那样的要求，如果自己实在不想做的话，那么请大家千万不要勉强自己。同时还需要将自己此刻的想法表达给对方，尽量让对方能够理解自己。千万不要出现还没有尝试表达自己的意愿，就先担心别人是否会就此不喜欢自己，或是我们的关系是否会恶化的疑虑。因为对方会因为不知道我们此时此刻的真实想法而继续用这种方式来要求我们。

即便大家都说要吃炸酱面，而自己想吃炒饭，我们也要把“我要吃炒饭”的想法大大方方地表达出来。虽然对于我们来说，成为大家都喜欢的人很重要，但在此之前，我们首先要爱惜自己，这也是我们的义务。

美好，布面油画，116.8 厘米 × 80.3 厘米，2009 年

·

将自己所愿之事轻松地表达出来，
在我们的生活中就如同是会驾驶汽车一样的必备技术。
如果没有这种技术，我们对生活的不满会日积月累，
最终像火山一样爆发，同时我们还会清算各种关系。

·

你是否有过为了别人，总是自己默默地提供帮助而感到不是滋味的时候呢？
如果是这样的话，请不要埋藏在心里，要说出来。
“我自己做会很吃力，能一起帮帮忙吗？”
及时表达自己的情感有利于我们的身心健康。

·

当别人拜托我们做某事的时候，
请别忘了我们还有一种选择，
那就是“不好意思，我不太方便”。
我们没有义务必须答应别人某些强人所难的请求。
如果对方因为我们没有接受他们的请求而疏远我们，
那就说明这一开始就不是什么好的缘分。

•

搭乘飞机遇到紧急情况的时候，
监护人会被要求戴好氧气罩之后再给小孩子佩戴。
同样的道理，我们先照顾自己的行为绝对不是自私的行为。
因为只有自己幸福了，才能给周围的人带去幸福。

•

当我们懂得爱惜自己的时候，
这个世界也会开始爱护我们。

•

请成为能够善待自己的好人，
就如同相爱时只想与爱人共度时光一般。
今天，请和自己所爱的“我”一起共度美好的一天。
给自己买好吃的东西，带自己去看好看的电影，
把自己领到风景秀丽的地方去陶冶情操。
就像对所爱之人下功夫一样，对自己也要花费足够的精力。

•

亲爱的朋友们，
因为我们都能感受到自己有不足之处，
因此也请大家能够理解他人。
同时，正是由于存在这些不足，
才要求我们不断努力，最终实现成功。

•

不要只是一味地抱怨自己的不足，
我们需要用感恩的目光重新审视自己。

•

对于自己来说，有一些缺点也无伤大雅。
难道我们的生活能够像仙鹤一样洁白无瑕吗？
生活总是会让我们的身体、心灵以及各种关系出现瑕疵。
与害怕出现瑕疵而什么都不做的生活相比，
建议大家还是选择过能够在失败和伤痛中成长的生活。
同时，面对正在为人生奋斗的自己，
请大声喊出“我，非常非常爱你”。

我们每个人的内心中都会有无法轻易向别人倾诉的东西。
家人的痛苦、自身隐藏的自卑、无法言说的病情、各种关系带来的伤痛、无法逃避的责任……
我们每个人似乎都会拥有以上种种的其中一种。
然而，似乎正是由于这些包袱所承载的重量，才让我们不轻举妄动，懂得谦虚谨慎，
尝试理解他人，从而加倍努力地生活。
一个人外表所展现出来的东西绝对不是他的全部。

看到朋友获得 SNS 大奖[1]而兴高采烈时，你也曾嫉妒过吧？
但是，请不要过于嫉妒。
我们最常犯的错误之一就是将朋友的外在表现与自己的内心活动进行相连。
其实我们对于朋友不幸的一面不是也不了解吗？
其实朋友也会根据我们的外在表现而羡慕我们。

---

1 SNS 大奖是韩国 SNS 产业大奖，旨在表彰为营造健康文明的 SNS 社交网络文化做出贡献的个人或团体。——编者注

大家都曾因为表兄弟姐妹各方面都比自己强而感到自卑吧?
这些表兄弟姐妹比我们学习好，上的学校好，工作单位好。
但有句话说得好，鞋子合不合适只有脚知道。
现在，学习、学校、工作会是我们羡慕的对象，
可随着年龄增长，这些就会变得无足轻重。
只要自己能够满足于自己的生活，那么这个人就是胜者。

并不是因为自卑别人才认为你没有魅力，
而是因为为感到自卑而羞愧才让你看起来缺乏魅力。
如果自己能够挺直腰板，
那么自卑的心理就不会成为大问题。
能够挺直腰板生活就是一种魅力。

请大家谨记:
“即便不是最好也没关系。二流又怎么样，三流又如何?
我只喜欢努力的自己。我会更爱这样的自己。”

•

让我们变得一无是处，

正是某些人希望出现的结果。

请不要将自己命运的钥匙交给那些专挑毛病的人。

当听到这些声音的时候，也请大家大声反抗：

“看看我们谁才是对的吧！因为你，我会更加努力的！”

•

我为什么要因为陌生人的非难而毁了自己的生活呢？

——洪锡天[1]

•

当别人谈论自己的话出现在脑海中的时候，

如果我们相信了那些话，

那么从那一刻开始，那些话就开始支配自己了。

浮现在我们脑海中的那些想法其实不都是真实的。

那些本就不是我们原本的想法，请你忘掉，

不要让那些话支配自己。

---

1 洪锡天是韩国艺人，曾出演多部影视作品，从艺之余经营了多家餐厅。——编者注

●

当内心听到“你原本不是不会画画吗”的声音时，就越要画画。
这样那些声音就会立即消失。

——文森特·威廉·凡·高

●

并不是因为我们某些事情做得好才能得到爱。
“存在”本身就值得获得爱。
请珍爱自我。
即便有所不足，即便存在些许失误也没有关系。
虽然不具备这个世界所要求的完美，
但我们的存在本身就是有价值的，就是值得收获爱的。

●

在印度，人们相互问好的时候都会行合十礼，说“有礼了”。
然而，“有礼了”这句话包含了深奥而美好的内涵。
其意思是，“我所拥有的圣灵向您所拥有的圣灵施礼”。

●

我们是比自己想象的更加伟大而神圣的存在。

兜风，布面油画，45.5厘米×37.9厘米，2009年

# 你的存在就已足够

因为收到了为澳大利亚和新西兰的侨胞讲授经文的邀请，我平生第一次跨越了赤道。由于是一年前就定好的事情，因此虽然远，但还是去了。而且，这次旅行对于我本人来说还是为了另一个需要履行的约定，那就是拜访读研究生时最亲近的朋友。曾一起在美国的研究生院学习的这位朋友在拿到学位后就来到了澳大利亚当教授，而与这位朋友定下一定会去澳大利亚见面的约定已经是十年前的事情了。每当看到每年年末准时收到的朋友的圣诞卡片，我就会想起一直没能实现的与他见面的约定。这次终于能够赴约，颇为期待。

跨越赤道后我发现，这里的气候与韩国完全相反。有法会那天的温度上升到了三十五摄氏度。而且我还了解到了新情况，那就是如果想在南半球国家找到日照好的房子是要与韩国相反的，即在韩国需要找朝南的房子，而在这里需要找朝北的房子。此外，这里的江水是向北流，而不是向南流。而且夜空中看到的不是闪闪发光的北斗七星，而是南十字星。虽然很多情况与我生活的地方完全相反，但是参加法会的侨民们的心并没有因为身在外国而有太大的不同。由于非常了解寂寞而艰苦的移民者的生活，因此对于能够给予他们暂时的安慰，我感到十分充实。

在完成了约定的所有法会之后，我如约来到了朋友在澳大利亚的家。当我刚刚按下朋友家大门的门铃时，朋友就高兴地打开大门迎接我。就像是离散家属见面一样，我们紧握双手抱在了一起。虽然已经过去了十年，但除了头发少了一些，体重增加了一些以外，其余的都和十年前一样。他依旧还是那位豁达善良的朋友，我和其夫人在读研究生时就认识，因此大家见面非常舒服。

晚餐过后，我们坐在阳台上喝着茶，大笑着感慨我们就这么步入了中年。我们的内心还是如同学生一般，而由于年龄过了四十，已经属于中年，简直无法相信这个事实。可能是因为我们认识太久了，所以可以消除内心的伪装，相互吐露心声。他是可以让我无须做样子给他看的老朋友，是可以接受真实的我，而且永远站在我这边的好朋友。对我来说是这般存在的他向我一一诉说了这十年间发生的故事，同时还向我倾诉了最近出现的一件愁事。

他的担忧不为别的，而是出于如果不工作的话，内心就会感到不安。由于一早就有这样的症状，因此身心疲惫，而最近这种症状似乎在加重。他的夫人说真担心再这样下去，他的身体会吃不消。他现在就像工作狂一样，每天在电脑前工作到晚上十二点以后，睡眠不好且总是非常忙碌。虽然因为努力工作而在学术界得到了认可，晋升教授的速度比谁都快，但是却无法停止工作。如果无事可做的话，内心就会感到极度不安。

晚上还是凉飕飕的，为了躲避蚊虫，我们进屋坐在了沙发上。朋友播放了安逸的大提琴曲，同时为自己倒上了一杯葡萄酒来代替茶。很久以前，朋友曾和我说过他困苦的幼年。其父亲虽然从社会角度来看获得了成功，但却把从外界获得的压力全部以发火和斥责的形式发泄到了家人身上，因此他在家经常感觉如履薄冰。尤其是在喝完酒之后，他的父亲就像是变了一个人似的，有时甚至会出手伤人。他的母亲为了躲避这样的父亲而经常离家，而由于母亲离家，身为长子的这位朋友就需要照顾弟弟妹妹们。由于不知道父亲什么时候会再次爆发，因此那段时间总是战战兢兢，如同生活在黑暗中。

再次回想起朋友幼年时期的这些经历时，多少猜到了一些他出现这种工作狂似的情况以及不安究竟是源于哪里。出于希望能够帮助到朋友的角度，我谨慎地讲了一个故事。

“虽然由于个体情况不同而很难做出结论，但成为工作狂的原因之一就是小时候总是会感觉自己只有某方面做得好才能从父母那里得到认可，而不是觉得父母会爱本身就已经存在的自己。在不关心孩子，或者是极少给予孩子表扬的父母身边长大的孩子，这种表现会尤为严重。再加上由于你父亲的耍酒疯以及暴力行为，你幼小的心灵总是会感到不安，连应该保护你的母亲都离家，那段时光对于幼年的你来说该有多辛苦啊。也许在不知道父亲将何时爆发的情况下，幼小的你能够做的唯一一件事情就是听父亲的话，按照父亲希望的样子去做。成人后的现在，虽然不用再听父亲的话，但如果不能按照社会对你提出的要求去生活，那么你的内心就会感到不安，而且会觉得自己的存在毫无意义。”

朋友像是非常同意地点着头，似乎试图找到让自己感到不安的根源。

“但实际上，你已经存在的这个事实本身就是值得收获爱的。并不是只有在很好地完成了社会对你要求的事情才有价值，在此之前你就是宝贵的存在。请给予到目前为止还存在于你内心的那个惶恐不安的孩子以温暖的目光。由于没有母亲，为了独自照顾弟弟妹妹们而忍受父亲的火气该有多么辛苦啊。”

随着谈话的进行，我和朋友都流下了眼泪。朋友紧闭了一会儿充满泪水的双眼，然后心平气和地说：

“是啊。我的心里确实有一个惶恐不安、无法得到爱的孩子。这个孩子似乎在哀求我不要放弃他，让我不要只想着工作而要多关心一下他。这段日子我只是专注于看其他人的眼色，而对存在于我内心的孩子却非常无视。”

几天后，我在离开朋友家的时候给他留了张便条。

“你对于当年在读研究生的我来说，就像是能够助我度过多个关口的大哥般的存在。每当想到你那善良的心，我都会坚定意志，你不知道我有多感谢你。所以请一定要记住，即便你没有取得很大的成就，但对于我来说，你的存在就已足够。”

人生的态度，布面油画，33.4厘米×53厘米，2011年

•

请不要拿苦难的过去来定义自己的将来，
否则我们就只能作为过去的牺牲者来过完自己的一生。
我们的体内，即便是在痛苦之中也存在着重新长出新芽的生命力。
请相信这种生命力，向困苦的过去恭敬地问好，
并坚信“从现在开始我要变得幸福”。

•

如果某个人只关心自己，
那也许是因为他在成长过程中没能得到相应的关心与爱护。
由于内心感到世态炎凉，没有意义，
便认为为了自己的生存应该自己照顾好自己。
如果你的周围存在为难自己的自私之人，
那么请仔细了解他的伤痛，并尝试去理解他。

•

仔细观察我们的行为就会发现，即使我们已经长大成人，
还是希望能够得到他人的认可，得到他人的爱。
而会有这类行为的人占有相当多的比例。
请不要在只有孩子做得好的时候去表扬他们，
孩子存在的这一事实本身就值得我们给予爱。
这样等孩子长大成人以后才不会一味地去渴望别人的爱与认可。

如果你的孩子存在嫉妒其他兄弟姐妹的情况，
建议你带着这个孩子去旅行，即便时间很短暂。
如果条件不允许的话，那么建议你单独和这个孩子一起度过哪怕只是半天的时间。
给他买好吃的，带他去想去的游乐场。
如果小时候没能得到满满的爱，
很可能他们在长大之后缺少爱的情况会非常严重，对被认可的要求亦会非常强烈，
在人际关系中将会出现很大的问题。

请允许生活中偶尔出现低调的奢华。
买几枝美丽的花装点一下餐桌，
买一块可以和咖啡一起享用的起司蛋糕，
穿上能令心情十分愉悦的厚实的登山棉袜……
低调的奢华就像是可以让我们的生活变得细腻的润滑剂。

为了某些特别的日子，请尽情使用之前一直珍爱的餐具组合、茶、葡萄酒、衣服、笔、被子等东西吧。
特别的瞬间并不是单独存在的，
就像这一瞬间能使用这些珍爱的物品更能让此刻显得如此特别。

●

你在什么情况下会突然觉得生活是丰饶的呢?

对于独自生活的我来说，需要经常自己动手做饭。

当把买来的黄色、朱黄色的灯笼椒切开的时候，我就会产生这样的感觉。

当下狠心将这些比绿色的青椒贵很多的灯笼椒买回来切开的时候，

单是视觉享受这一点就会让我感到非常幸福。

顺便说一下，灯笼椒的维生素 C 含量要比橙子高三倍。

●

如果我们喜欢自己现在的样子，

那么我们周围的人也会同样喜欢。

相反，如果我们对自己感到不满，

那么周围的人也会觉得不满。

希望我们都能成为自己的头号粉丝。

●

我们在对他人多一些亲切时，

会觉得这样的自己看起来非常好。

建议那些自尊心较弱且非常劳苦的朋友能够对他人亲切一些。

如果自己已经开始喜欢自己了，那么自尊心自然也会增强。

即使是最高级的限量版名牌产品也可以制造出数十个一模一样的来。
但在这个世界上，“我”这个“名牌产品”就只有一个。
请珍视这只有一个的、独具个性的“我”。

虽然大脑说“请不要过于憎恨，
为了自己，请宽恕他人，
请不要嫉妒朋友的成功”，
但也经常会出现内心不听从大脑指令的情况。
此时请祈祷，祈祷是出现这种情况时必须要做的事。

我们憎恨着某人，同时也想念着某人。
憎恨是能够在我们内心刻下深深烙印的一种想念。

如果你憎恨某个人，
请审视一下自己的内心。
原因是什么呢?
因为没有比此刻更好的洞察自己内心的机会了。
我们虽然能将机器人送到月球，
但却很难看清楚自己的内心。

●

虽然我们应该认真考虑别人的话，
但最终做决定的还得是我们自己。
做决定的时候，
请不要看他人的眼色，要听从自己内心的声音。
看他人眼色而下的决定最终都会让我们后悔。

●

有句老话说：凡事需深思熟虑。
但如果在做某事之前要经历漫长的担忧和思考的过程，
那就是南辕北辙了。
有时候，相信自己的直觉，
在适当的范围内按照自己的感觉推进也是必要的。

●

当你做重要决定之前不知道该如何是好的时候，
请停止一切活动，好好倾听一下自己内心的声音。
一个人到一个寂静的公园散散步，暂时到近郊旅游，
或者和信得过的朋友见见面、聊聊天。
我们的内心要比我们的大脑更有智慧，
它已经知道答案了。

●

当大脑觉得某个决定是对的，但内心却不知为何总感到不太对劲时，

请不要马上说出答案，再给自己一点儿时间。
很多时候直觉要比理性的思考更靠谱。
给自己一点儿时间，就会明白自己为什么会犹豫。

我们每个人都需要独处的时间。
一整天都被别人缠住，筋疲力尽回到家之后，
家人还不让自己安静地待着，此时的我们往往会烦躁。
这个时候，不要过于埋怨这样的自己，
请给自己寻求一些独处的时间。
去书房或咖啡厅，去天主教教堂、教会和寺庙也可以，
自己安静地散个步也是个不错的选择。
独处可以让人觉得地球暂时停止了转动，让自己得到净化。

现在，就像母亲查看自己孩子的伤口一样，
请用温暖的、满载爱意的目光来查看自己的内心所感受到的痛苦与悲伤。
这样做不是让我们陷入痛苦，
而是当我们用温暖的目光来观察痛苦时，
会感到所有的痛苦中都有爱的存在。
即使是在痛苦之中，我们心中的爱也会产生治疗效果。

# 2. 关系篇

如同能够相互映照的两个满月

这个世界就像是环环相扣的锁链一样，
其中一个疼了，
其他的也都会跟着疼起来。
想永远都幸福基本上是不可能的。

和谐，布面油画，50厘米×65.2厘米，2011年

# 源自禅房的领悟

与开始秋季坐修的八月末不同，九月份的凤岩寺早晚都非常凉。本次坐修与平时相比，有超过一百名僧人一起静心修行。凌晨三点起床洗漱后去佛堂礼佛。透过房檐，可以看到透明的天空中，星星闪闪发光，像要落下来一般。曦阳山清凉的地气和包围在寺庙周边的溪水声让我的心清爽起来。

本次我的职务是看床长[1]。看床是指准备好当天需要的各种食物，确保在各位僧人用餐的时候不出任何差池。在负责看床的七位僧人中，我从僧的年岁是最长的，因此被推举为看床长。因为大家都是诚实友好的人，因此一到准备看床的时间，大家都会在融洽的氛围中打理各自负责的事情。

可是有一天，正当我们几位忙于准备斋饭的时候，一位师兄把我叫到了厨房外，让我从看床组抽人来打扫台阶。听到这话的瞬

1 看床长即“行堂者”，准备斋饭等事宜的人。——编者注

间，我非常惊讶于为什么要让我们组出人进行清扫。现在我们已经因为准备斋饭而忙得不可开交，这位师兄竟然还要让我们做这些，简直是太不合情理了。而且，他明明知道他自己不喜欢做的事情别人也不会喜欢，为什么还要将这件事情推给很忙的人呢?

那天，在结束了看床工作后，为了不让自己像那位师兄一样，将自己不愿意做的事情推给师弟，我决定自己清扫台阶。然而，清扫台阶实际上连十分钟都用不到。这么简单的事情当时直接做就好了，我突然因为之前内心产生的想法而感到羞愧。

其实，我们内心的痛苦与其说是源于实际的情况，倒不如说是源于我们与这些情况进行对抗时所倾注的思考的能量。实际上事情本身并没有那么困难，但我们总是会因为不得不去做明明是应该别人去做的事情，而产生抗拒心理。而与此同时，我们的内心会不断积压与那些反抗心理同等重量的困苦与压力。

当然，如果某些人将这些当成深厚情谊的体现，不断做出这种行为，那么我们就需要通过对话来将自己的立场清楚地表达出来。但是，如果不能，那么怒火与不满会成倍增长。抵抗越强烈，自己的内心就会越痛苦。因此，如性彻大师[1]那般高僧才教导我们不要因为过多的分别心[2]而将自己不喜欢的东西过度复杂化。“每

1 性彻是大韩佛教曹溪宗第七代宗正，是影响韩国佛教发展的著名禅师之一。——编者注

2 分别心是佛教用语。如果一个人时常保有强烈的分别心，就会对他人错误的言行进行不断评判，并产生痛苦之情。——编者注

天都是美好的一天”，即冷的话就按冷的来，热的话就按热的来。领悟用怜悯之心来容纳一切的方法获取心灵的自由。

还有一个领悟也是与斋饭相关的小插曲。凤岩寺虽然一般是早上和中午吃正常的斋饭，但是晚上的饭却被称为“药石[1]”，因此很多僧人都吃得很少或者干脆就不吃。因此，晚上的时候，他们用坐在餐桌旁食用少量食物的方式代替早上和中午吃斋饭的形式。但是，由于晚餐的时候是按照成为僧侣的年限安排座位，因此我只能与一位无论何时都面无表情的师父坐对面。刚开始的时候，出于想和这个师父搞好关系，我问了他几个问题，但这位师父对于我的问题只是简单地应付了事，似乎并不喜欢和我交谈。

随着每天与这位面无表情的师父一起面对面用餐次数的增加，而我们总是不说话，所以我的内心对晚上的这顿斋饭感到非常不舒服，总是想着是不是这位师父讨厌我呢，或者是对我有什么误解呢。然而，当我与这位面无表情的师父面对面地吃了半个月的晚斋饭后，我内心突然觉悟了，这份觉悟源于在图书馆发生的事。

凤岩寺内的图书馆不知是不是因为刚建成不久，坐修期间去那里的僧人只有我和另一位师父。然而仔细想想，在这半个月时间里，我们两人每天都共享一张宽大的书桌，可我却从来没有和

---

1 佛教僧人有“过午不食”的说法，将晚饭称为“药石”，意为为了治病疗饥才食用的食物。——编者注

他说过话，甚至连个关切的目光都没有。

在我想明白这一点的瞬间，我发现其实每天晚上坐在我对面用餐的面无表情的师父和每天在图书馆同样面无表情坐着的我来说没什么两样。而且，我并不是因为某些感情或者是偏见而对图书馆的那位师父漠不关心，我只不过是完全被正在阅读的《圆觉经》所吸引而已。换句话说就是，对于我来说，我从来没有想过那位师父是好是坏。这样说来，每天坐在我对面用晚斋饭的师父其实对于我也没有什么特别的想法吧?

坐修大概三周以后，偶然有了一次与每天晚斋饭坐对面的师父一起品茶的机会。看着那位师父将一块削好的苹果放在我面前，而且还温和地与我聊天，我再次觉悟了。当我们因为对方无意识做出的某种行为而进行了各种各样的消极猜测之后，我们通常会臆断出“对于我，他一定是这样想的”这种结论。而且，我们往往会将这种臆断影射到对方身上，坚信对方“一定是这样想的”，进而对其产生厌倦和憎恨的心理。当然，在很多情况下，对方其实并不是像我们臆断出来的那样想。

斋饭结束，完成刷碗筷等收尾工作后，我和一起负责看床工作的僧人们沿着用松木砌成的溪涧小路散步。修行的道路上能够与法友们聚在一起真的是件值得骄傲和感恩的事情。与凉飕飕的清晨不同，白天还是如同夏季般温暖。

礼物，布面油画，50 厘米 × 60.6 厘米，2015 年

和朋友、家人、室友一起生活，
其实与修行是一样的。
不要一意孤行，
适当地满足一下对方，放弃一些东西，关怀一下他人，
也是一种修行。
不要谴责与自己生活方式不同的人，
努力去理解他，接受他，同样也是一种修行。

有时候，虽然对方并不是这么想的，
但却总是将对方的想法做最坏的臆测，
然后首先破坏了与对方的关系。
此时，请暂停一下。
请忍耐一下，不要先说出会破坏双方关系的最后一句话。
否则以后会经常后悔——
“当时我什么都不说就好了。”

我们每个人都希望自己是属于某个地方的。
因为有担心我们、关心我们的人，
所以能够感受到存在的意义与幸福。
这样看来，我们每个人都是需要他人的、脆弱的存在。

越是吸引你的人，就越不要想占有他，
请尝试着与其共度美好的时光，这样才有再次见面的机会。
不试图抓住某人，不要抱有任何期望，
只有互相享受，缘分才会继续。

相互喜欢的感觉，要么差不多，要么有点儿差距。
如果一方过于喜欢的话，
就很容易让人感到负担，感到恐惧，感到厌烦。

虽然第一印象非常好，但随着时间的推移，
往往会出现与对方的关系恶化的情况。
之所以出现这种情况，
是因为我们并没有按照对方最初的形象来看待他，
而是将自己对那个人的期待和幻想掺杂到了其中。

如果出现了突然和你亲近的朋友，那么请你一定要小心，
也许你会和这样的朋友成为敌人。
因为亲密而无话不谈的关系，从另一个角度来说，
就是很容易给对方带来巨大伤害的关系。

•

迅速亲近并突然频繁地待在一起，
会让你从某一瞬间开始因为感受到对方的拘束，
或者认为对方对自己太过随便而突然讨厌起对方来。
获得信任和产生感情是需要时间的。
正是因为些许的遗憾，才期待下一次的相见。

•

即使有缘分，但是如果因为粗心大意而不努力与对方相见，
很多人就会大呼“好孤独，好孤独……”
诚如法国电影《天使爱美丽》，
与我有缘分的人不会在某一天突然出现来敲我的房门。
或如即便是上天亲赐的总统人选，
如果其本人不进行竞选活动的话也很难被选中。
同样，如果自己不亲自尝试的话，好姻缘也是绝对不会出现的。

•

我喜欢他，可他却不喜欢我，
他喜欢我，可我却不喜欢他，
我们相互喜欢，却遭到周围人的阻挠……
和某个人成为恋人其实是不容易的。
但如果不放弃，继续努力的话，
就会在正确的时间遇到正确的人。

•

“师父，我终于明白了。
其实相亲的成功率大概只有十分之一。
只有见大约十个人，
才会出现他喜欢我，
同时我也喜欢他的缘分。”

•

事实上，不存在命定之人。
和对方产生感情，长时间交往，
他才会成为我们的所谓命定之人。

•

如果出现了所爱之人，
那么请今天晚上这样告诉他：
我比爱自己更爱你，也比昨天更爱你。
每天早上你都是我心灵的出发地。

•

如果将约会的时间定在一周或者一个月之后，
就会感到此次见面非常珍贵，因为它经过了漫长的等待。
在强调时间效率的社会里，
如果能够通过暂时的等待而让两人期盼见面，
那么再见的瞬间会是非常特别的。

●

如果真正喜欢一个人，就不会借口说自己没时间。
如果真正喜欢，即使真的没有时间，也会硬挤出时间。
如果对方一味地找借口或者解释，那么你就要注意：
原来他对我并不是很关心……

●

一见到对方就觉得非常不舒服或者总发脾气？
出现这些情况的原因是什么呢？
性格内向可能是一方面，但其根本原因是：
自己还没有接受对方，还没有让自己更加喜欢上对方。
如果是这种情况的话，
请在努力做好自己事情的同时拉开与对方的距离。
如果是姻缘的话，它会自己寻来。

●

没有比执着地让认为自己不怎么样的人改变对自己的看法更加愚蠢的事情了。
放下吧。这样也许会在某一时刻迎来新的缘分。
与他分手会让你的内心非常难受吧？
但是仔细想想，其实在这之前我们自己就已经非常清楚了，
清楚地知道他其实与自己并不合适这个事实……

●

期待越大，人际关系就越会背道而驰。
当感到人际关系很累人时请仔细想一下，
之所以会这样，是否是因为我或对方在人际关系方面抱有很大的期望……

●

如果在给予之后会产生“你为什么不像我一样给予我多一些呢？”这种想法，
那么干脆从一开始就不要给予，
或是在给予对方之后，不对对方抱任何期望。
如果对对方有所期待，那么你们之间的关系也会开始变得让人不舒服。

●

如果我们过度依赖或者照顾家人和朋友，
那么就很容易因此受到伤害。
过度要求别人，或者过度被别人要求，
都会最终在你们之间形成相互无法承担的、类似债务关系的怪圈。
因此，人际关系的处理应该像控制和暖炉的距离一样。
如果离近太热的话，就后退一步。

•

臆测会让我们感觉到“爱”，但其实那并不是爱。
因为在臆测中会包含与真正的爱有所不同的、希望能够随心所欲控制住对方的微妙的私心。
因此，臆测会让我们希望对方有所回报，
进而导致关系出现裂痕。

•

当相互之间出现问题的时候请不要一味地忍耐，
请承认并允许对方存在与自己不同的地方。
忍耐是一种在觉得自己是正确的同时，
因为情况没能如自己所愿而发火的情况。
即使是亲兄弟也会存在各自不同的观点和习惯，
因此，请不要要求对方与自己一样，要允许不同的存在。

•

刚开始的时候是因为与自己存在不同之处而喜欢，
但现在，这些与自己的不同之处却让自己很痛苦吧？
刚开始喜欢得不得了的人，现在却觉得非常厌烦。
请醒悟吧。
爱是多么变化无常，人心是多么诡诈，
“喜欢”这种感情中又掺杂了多少条件呢。

●

请记住，当令人心动的爱情到来时，
怨恨与嫉妒、思念与遗憾，甚至是憎恶与悲惨，
都将是同一艘船上的乘客。

●

对方在与我们交往之前是如何评价自己的前任的，
这将成为当我们之间出现哪怕只是一丁点儿背离时，
他会如何向其他人评价我们的尺子。

礼物，布面油画，45.5厘米×45.5厘米，2013年

在这个世界上，不要期待别人来弥补你的不足。健康的恋人关系是当我像满月而不是半月般独自而立时，与另一位如我一般像满月一样的完美之人相遇实现的。

两个人相处，并不是勉强双方相互迎合，并且无论如何都要将两人变成一人，而是要让两个人像明亮而健康的两个满月挂在天空中，相互尊重对方的个性与喜好，并相互映射出对方的姿态。

# 掌控<br>遗憾情绪

当问起你觉得生活中最难的事情是什么时，出乎意料的是很多人都会回答“人际关系”。好的人际关系并不是靠我们自己做好就能够维持下去的，它很容易被第三方因素所破坏，因此处理好人际关系似乎并不容易。但根据我的经验来看，长期保持的良好人际关系第一次出现裂痕一般都是在不知不觉的情况下，“遗憾”的情绪突然向着对方不断延伸。即，遗憾的情绪能够在我们与他人的关系出现问题时起到早期警示的作用。

然而，与其他情感不太一样，遗憾的心情非常高深莫测。将这种情感表达出来，会使表达者看起来非常拙劣，反之又会使情绪继续累积，因此可以说遗憾真的是一种无法言喻的情绪。倒不像觉得委屈就说出来，不舒服就哭出来，遗憾的感觉只能放在心上，操控它真不是一般的困难。

关于遗憾的情感，我发现了一个非常有意思的事实。这是在英语国家生活的过程中发现的——以英语为母语的人似乎不太使用“我对你很遗憾”这种表达形式。虽然总能听到类似于“因为你我很痛心（hurt）、很伤心（sad）、很后悔（regret）、很生气（mad）”这类表达，但到目前为止却从没听到过符合“我对你很遗憾”这种情绪的表达形式。究其原因发现，“遗憾”这个词在韩语中的意思有些特别。“遗憾”是当自己发自内心对某个人抱有某种期待，而对方却没有看出，并与这份期待背道而驰或者是无视这份期待时所感觉到的情绪。即“我非得亲口说出来你才能明白吗？你就不能根据我的表情或者实际情况来猜一下我的诉求吗？”这种想法就是“遗憾”。

按照语言学家的说法，韩语与英语或德语不同，在对话的时候会使用大量的“非语言性表达方式”。简单点说就是韩国人不仅会通过“语言”，还会通过前后状况的判断、面部表情、肢体语言、语调、音量、与对方的距离以及视线等方式来传达信息。在语言表达时也是一样，韩语会更多地使用委婉表达，因此与喜欢直接表达的英语相比，用韩语对话的时候，只有懂得察言观色才能进行较为完美的交谈。在西方国家长大的孩子，父母会从小就告诉他们，如果有什么需要就直接说，不要通过表情来传达，而在韩国，当大人在说话时，如果我们插嘴是会被批评的。因此，韩国人用语言来正确表达自己诉求的能力要比西方人有所欠缺。

那么让我们回过头来看一下，现在大家都会在何种情况下感到遗憾吧。通过与朋友们聊天发现，当感觉到父母对其他兄弟姐妹的付出要比对自己多而忽视自己时，当自己感受到差别对待时，遗憾的情绪会油然而生。另一方面，为了家庭付出了自己的全部，但因为突然觉得自己受到了妻子和孩子的排斥而感到遗憾的父亲也有很多。站在妻子的立场上，她们可能会因为丈夫在自己与婆家人出现矛盾的时候没有站到自己这边而感到遗憾。如果是正在恋爱的青年男女，他们会因为对方起初的贴心早已不知去向而感到遗憾。对于所问之事，应付的态度也会让人感到遗憾。还有那些将自己加班完成的方案当成是他们的呈给上级领导，或者不尊重我们的同事或后辈，都会让人感到遗憾。

然而，即便是再懂得察言观色的人，如果对方不说话，也很难每次都能猜出对方的真实想法。是啊，又不具有能够读懂对方心事的神通，怎么可能总是猜到对方在想什么呢？因此，无论是因为何种情况，当感到遗憾的时候，千万不要只在心里想着为什么对方总是不明白自己的心，而是要先通过对话来舒缓自己的心情。

用对话来舒缓情绪不应该在遗憾的感觉已经积累到一定程度的时候才进行，而应在这种情绪刚刚萌芽的时候就立马进行。虽然很难用语言来表达出这种情绪，但只要能够切实地表达出来，就不会出现太大的问题了，因为我们不会刻意地设计让人感到遗憾的情况。如果这种情绪不表达出来，那么遗憾的症结就会越来越严重，长期累积的遗憾就会演变成“不可理喻”。如果到了此种情况才想到要表达，那随着一直被压抑着的情绪的爆发，自己会不自觉地向对方发出责难。因此，请不要忽视最初涌现的遗憾情绪，一定要及时进行表达。

但是，在表达的时候千万不要用责怪对方或者是攻击对方的语气。此外，也不要在自己生气的时候表达这种遗憾的情绪，而要当内心趋于平静的时候再对自己现在的感受进行描述。刚开始的时候可能会感觉不自然，但稍加练习就会发现自己与身边珍视的人的关系并没有垮塌，而且即使不抑制自己的感情也能够自然地表达出来。比如说可以用柔和的语气说“我感觉有点儿遗憾”。

最后，当感到自己遗憾的心情要比别人强烈的时候，希望大家能够深刻地反省自己。遗憾是在自己对别人产生哪怕一丁点儿期待的时候产生的，因此我们有必要反思一下自己为什么总是期待别人如何，为什么总是只想索取。我们需要深刻检讨一下，出现这种情况是否是因为自己的成长背景或者是自己曾受到过某种伤害，因为小时候没能从父母那里得到认可和关心，导致现在总是想从别人那儿得到这些；是否是因为受到连自己都未曾意识到的创伤才比别人更容易感到遗憾。此外，每当感受到遗憾的时候，回顾一下自己是否在以前用过同样的方式让某个人感到遗憾，这对于掌控遗憾的情绪也有一定帮助。

离开的喜悦，布面油画，60厘米×40.9厘米，2010年

●

请偶尔如实说出自己的感受。
最初对方可能会受到伤害，
但最终他会感谢你的。
诚实会让倾诉者与倾听者瞬间感到解脱。

●

真正的好朋友、好同事，
不是那些只会对自己说好话的人。
能够在自己明显犯了错误的时候告诉我们的人，
才是好朋友、好同事。

●

请不要抱怨别人不能如己所愿。
对于自己而言，要求对方满足自己的想法难道不是更大的问题吗？
这个世界不存在二十四小时都能够满足自己的圣人。

●

人际关系中的很多误会和痛苦，都是源于交流的欠缺。
停止对话，双方的心也会开始走远，
进而误会对方的意图，或是很容易感到遗憾。
尤其像家人、恋人、朋友这样的亲密关系，
无论再怎么恼火，也请不要放弃交流。

经常会发生对方希望进行交流，而我们为了惩罚他而拒绝的情况。
虽然其目的是用“无视”来惩罚对方，
但拒绝交流的时间越长，
那么别说解决问题了，反而越可能会起到引发问题的反作用。
而且，我们虽然是为了惩罚对方而拒绝交流，
但往往会存在对方并没有意识到这一点的情况。
结果导致我们更加郁闷，更加生气。
不要这样，哪怕是为了自己也请用语言来解决问题。

金钱、名誉、好的工作单位固然好，
但当我们与身边人的关系非常要好时，
当我们的价值得到认可时，
当我们感到有很多人都很珍爱自己时，
我们的幸福感会更加强烈。

幸福感是当自己暂时忘记自己，
并能感受到与他人有更加深入的联系和感恩之情时出现的。
反之，当我们对别人漠不关心，只强调自我意识的时候，
就会感觉到绝望与不安。

请大家回想一下近期非常感谢的一位熟人，

并请马上给这位熟人发一封感谢邮件或者感谢短信。
在编辑邮件或短信的过程中，
我们不仅会感到自己并不孤独，反而会很幸福。
而且，用不了多久我们就会收到能够让我们不知不觉展露笑容的回信。

•

如果收到新年日历，或者买了新的笔记本，
那么请在自己亲近之人的生日日期那里写上他的名字。
并且，请在他生日到来之前送上生日的祝福。
幸福的真正源头，
是与值得感恩之人的友好关系。

•

所谓人生，似乎并非要伴随大事的出现。
经常见面的人似乎就是我们生活的内容。
因此，我们一定要珍视自己周围的人。
因为他们会成为组成我们人生的一个个故事。

•

人都有超越自我，与世界建立更深远关系的欲求。
因此，分享的时候，人的存在感会增强，会变得幸福；
释放的时候，阻碍联系发生的障碍会消除，联系会再次运行。

为了幸福，请不要积压不良情绪，
要让它一点一点持续地循环释放。

想要在与他人的关系中占据优势，这很简单。
给予更多即可。
给予得越多，越会让别人按照自己的话做，
也会让别人更加喜欢自己所说的话。

如果希望人际关系发展得更加顺畅，
那么请停止计较的恶习。
如果总是计较自己已经付出了这么多，
为什么他没有同样待自己，
你们的关系就会经常亮起红灯。

聪明人会在拜托别人之前先思考一下自己有没有能够帮助到对方的地方，先感动对方的心。
而相反，愚笨之人会不假思索地从拜托开始。
拜托的同时会告诉对方自己都认识哪些人，
并向对方强调事情的义务感，
如果不是他自己的事情，他就会只一味地强调所拜托之事。

如果现在正因为与周围人的关系而感到压力和困难，
建议大家可以将其具象化。
周围的人是台风，而你是台风眼。

不要被台风卷走，
请听从源自台风眼中智慧的声音。

和谐，布面油画，150厘米×80厘米，2010年

●

请不要在对方没有拜托之前就站出来帮助他解决问题。
自己的出发点虽好，但会让对方觉得我们的行为是暴力的，
我们随心所欲地剥夺了他们对生活的掌控权，
进而伤害了他们的自尊。

●

当家人之间出现了矛盾，
千万不要偏向某一方，而要倾听双方的说词。
否则反而会将问题严重化，
而且还有可能会不受控制地给自己或他人造成更大的伤害。

●

我们总是觉得自己与别人不同，
而其原因是，在内心深处的某个角落还存在着自卑。
优越感是因为自卑的存在而存在的。

●

生活中总会遇到能够刺激我们内在自卑感的人。
比如，学历比自己高的同事、出身豪门的妯娌、与条件非常好的人交朋友、长相及身材都非常棒的人等等。
但是，请再深入观察一下吧。
虽然看外在条件会让我们感到自卑，但仔细观察会发现，看起来比我们各方面都好的人也存在我们没有的、专属于他们的苦恼。
我们所羡慕的那些，有可能也是他们的苦恼。

学历、出身、外表……
这些很容易让人看到的东西并不能如实反映出对方真实的内在。
比如说，只有了解了对方是否有幽默感，是否能够遵守约定，
是否懂得付出，是否会让座，是否善于引领手下的人等方面，
我们才会了解对方具体的生活和为人。
在看人的时候，不要被对方的学历、出身、外貌所欺骗。

虽然最初会被他的言语所感动，
但如果他不能付诸行动，这种关系也维持不了多久。

何为不幸者?
眼里只看到别人缺点的人。

静静地聆听别人诉说关于其他人的故事，
往往更能了解爆料者究竟是什么样的人。
因为一般情况下，我们在描述别人的时候，
通常会选择那些吸引我们的内容。

当见到那些从未见过自己，单凭想象来制造关于自己的话题之人时，

请简单明了地说一句："自己照照镜子去！"

●

聚会时正打算说一些大家都认识的某个人的坏话的时候，
一位大师说："你们为什么要谈论没有出现在这里的人？"

●

以"这可是个秘密……"开始的话题，
一般都不真的是秘密，或者说这并不是关于自己的秘密。
如果是自己的秘密，一般会有"我现在很难受，请安慰我"的意图，
而如果是别人的秘密，大多数人则希望能感受揭露的快感。

●

神奇的是，和某些朋友在一起时会谈论明星，
和某些朋友在一起时会谈论金钱，
和某些朋友在一起时会谈论政治，
和某些朋友在一起时会谈论心灵鸡汤。
这并不是因为所谓的"我"这个存在是固定的，
其差异源于"我"和不同的朋友相聚出现的变化。
既然如此，当和不同的人在一起的时候，
就和他们说一些会让自己看起来更优秀的话题来加深彼此的关系。

●

紫菜包饭要与拉面炒年糕一起吃才美味。

而与拌饭一起吃就会索然无味。

当遭遇委屈时，
请一次性明确地诉说出自己感到委屈的原因。
这是为了不让这些事情再发生在他人身上。
然后尽快无视这些事情。
如果无法忘怀，总是郁郁寡欢，
那么你就会失去即将到来的机会。
环顾一生，
虽然存在让人委屈的事，
但不也同样存在对自己来说非常幸运的事情吗？
请尽快转换情绪，用崭新的心情去迎接崭新的机会。
因为这才是为了自己更好的出路。

人际关系中的问题很难被一下子解决掉。
因为不可能让对方突然变成我们所期望的样子，
日积月累的遗憾之情也不可能瞬间消失。
我们能做的事情似乎只有试着去理解对方为什么只能那样做，
试着去了解自己所不知道的对方的隐情。
了解之后，虽然问题不会消失，
但你会在某种程度上接受这些问题，
而且会发现，我们的心胸骤然变得比以前更加广阔。

# 3. 共鸣篇

若爱便坚持

如果你爱她，就请拥抱她，

就如同拥抱唯一的救世主——圣母。

听好了，

要像全宇宙就只有她一人一般。

秘密，布面油画，91 厘米×60.6 厘米，2012 年

## 阳光般的拥抱

你是否听过这样的说法：如果有一个人给予我温暖的拥抱，那么我的生命就会延长一天。虽然实际上并没有方法能够检验这种说法是否属实，但是大家都能够立刻明白这句话的出现分明是有某种原因的。当我们被生活所累或者感到疲乏的时候，一个人静静地走过来给我们一个温暖的拥抱要比条理清晰地说明为什么自己处于这样的困境更为有效。虽然无法代替对方受苦，但却可以站在他的立场上告诉他，在他受苦的时候我们会和他一起，绝不逃走。我们能够做出的最令人感到温暖的行为就是拥抱。

最初到美国的时候，我花了很长一段时间来适应西方人的问候礼。与韩国人打招呼时要恭敬地低头行礼这种传统问候礼不同，他们在与朋友见面的时候一般只是稍微点一下头，然后说声“嗨”；握手的时候也不是轻轻握一下即可，而是要使用适当的力度，同时还要正视对方的眼睛。这些都是我需要学习和适应的。然而，在这众多的问候礼中，我花费时间最多去适应的当属拥抱礼。尤其是在我成为僧侣后，原本一直都是双手合掌恭敬地打招呼，现在却要张开双臂去拥抱对方，这让我感到十分的尴尬与压力重重。

然而大家都知道，问候并不是个人行为。与别人告别的时候，对方做出了拥抱的姿势，而我却只是伸出手与之相握，这样不仅会让对方尴尬，还会给对方一种我想和他拉开距离的疏离感，从而让对方感到我的无礼。随着时间的推移，不知是从什么时候开始，在与比较亲近的朋友或同事告别的时候，我也会很自然地开始行拥抱礼了。而且神奇的是，那种最初的别扭和尴尬渐渐消失，我反而感受到了亲密的友谊和暖暖的幸福。

最近，我了解到一个关于拥抱的有意思的调查结果，那就是科学证明拥抱有利于我们的健康。澳大利亚悉尼大学的心理学教授安东尼·格兰特发表研究结果称：当感觉有压力而与别人拥抱时，由于所分泌的被称为皮质醇的激素会降低，因此人体对病菌的免疫性会加强，从而降低血压，与此同时还会减少人心里的不安和痛苦。此外，美国北卡罗来纳州立大学的卡伦教授的研究结果显示，早上上班前能够拥抱、牵手二十秒左右的夫妇，其压力指数要比不这样做的夫妇低一半左右。也就是说，早上家人间短暂的拥抱，能够让身心形成保护膜，进而起到抗压的惊人作用。

对于作为宗教人士的我来说，我也经常会给人以这种保护膜。

到现在我还清楚地记得有一次在首尔签售时与一位读者见面的情形。当我在给这位女性读者签名的时候，她突然含着哭腔对我说：

“师父，两个月前，我两个孩子的爸爸因为交通事故而离开了人世。这个沉重打击让我在这两个月的时间里没有踏出屋门。妹妹因为看到我这个样子感到非常难受，给我买了您的书让我阅读，您不知道从看第一章开始我就已经痛哭流涕。我今后要抚养两个孩子，但不知为何，我觉得如果能见到您，我的内心似乎就会获得巨大的勇气，因此我一大早就赶到了首尔。”

我抬头看着她，发现她的眼中已积满泪水，声音也颤抖得厉害。那一瞬间，我不知不觉地站了起来，并走到她的面前，张开双臂给了她一个温暖的拥抱，然后对她说：

“首先我也祈祷孩子们的爸爸一路走好。他也一定正在那边看着你每天照顾孩子、努力生活的样子。虽然现在会很艰辛，但现在的经历会让你今后变得更加坚强、聪慧。从现在开始，一切都会好起来的，请不要担心。”

在拥抱她的时候我悄悄地下定决心：虽然我还有很多不足之处，但我一定要成为一名能够给人以安慰和勇气的宗教人士，哪怕这种安慰和勇气只是一点点。而且，只要需要我的拥抱，我会毫不吝惜地给予。也希望阅读此篇文章的读者朋友们也能够时常给予家人和朋友以温暖的拥抱，说不定这样真的会让自己的生命多延长一天呢。

●

因为我内心有创伤，

因此我也可以拥抱他人的创伤。

因为我曾经有过不足，甚至现在仍有很多不足，

因此我也可以原谅他人，理解他们的失误。

希望我的痛苦会成为对他人怀抱怜悯之心的种子……

●

如果想向家人和朋友表现出对他们的爱，

那么请注意聆听他们的话语。

用温暖的目光注视对方，并倾听他们的诉说，

会让对方知道“原来我对他来说是宝贵的存在啊”，“原来得到爱就是这样的感觉啊”。

●

据说哪怕只是看了自己喜欢之人的照片，

都会产生像吃了泰诺林一样的镇痛效果；

如果看到了别人在助人为乐，

体内就会产生像是自己在帮助别人的幸福激素。

我们需要这样相互共鸣，相互共存。

●

若爱就请坚守。

当感到筋疲力尽的时候，
请不要期望通过某些自己想听到的安慰之语让其迅速转化，
我们要将这些痛苦的样子和精疲力竭的心情原封不动地展现给对方，
并共同疏解。

让对方对这种心情有所共鸣，并共同承担，
会让对方得到莫大的安慰，并主动寻求变化之路。
掩饰消极的情绪，或者企图迅速找到解决方法，
只会让双方都非常疲累。

●

遇见了几年未见的高中朋友。
他说：看到在地铁站前等待我下班的妻子和孩子，
会让我再次确认自己人生的目的。
因为重要的东西离自己太近，
似乎有时候会将它们遗忘。

●

在这个世界上有人喜欢我的存在，有人喜欢我的行为、话语
或取得的成果。
喜欢我存在的那些人，即便我出现了失误和失败，
对我的爱也不会有丝毫改变。
他们才是真正的朋友和家人。
希望大家都能成为这样的人。

请给予那些因事情进展不顺而感到痛苦的人温暖的支持的话语吧。
“你在我的眼里，不管成功与否都已经很完美了。
你在逆境中努力的样子就是最优秀的，这无关乎事情的结果。
你一直做得都很好，加油！”

我希望大家能幸福。
不要被动地等待某个人使自己幸福，
我们需要在主动追求幸福的前提下让一切发生改变。
我真心希望大家能幸福。

如果被对方问道“今天心情怎么样？”而不知该如何回答，
那么就请直接说“非常好”！
因为这样说的瞬间，所有一切都会开始变好。

对方累的时候所说的话，并不是他的真心话。
重要的谈话等好好睡一觉之后再说绝对不晚。
当别人感到疲倦的时候，给他一杯温水，
让他静静地待一会儿。

•

爱的其中一种表现就是，
安静地让对方待一会儿。

•

事实上，我们的话语就是祝福。
“祝您今天身心愉快！”
“祝您今天好运连连！”
在说这些话的时候，我们周围会形成新的能量场。
俗话说得好，口是福祸门。

•

无论是多么正确的话，
如果其中蕴含了厌恶别人的心，
对方就会有所察觉并为之反感。
虽然话是对的，但说话之人会让人生厌。

•

对于倾听者来说，
即使听到正确的言论，心情也有可能变坏。
因为言论的内容虽然重要，
但说话人的态度也很重要。

请不要忘记，不论多么正确的言论，如果态度上出了问题，
那么就有可能给对方造成伤害。

说话的时候，说的内容固然重要，但如何表达更为重要。
因为在表达时，我们的面部表情、肢体语言、音量以及速度
都参与其中。

愤怒、动粗以及说非难别人的话，
看起来似乎比怜悯的言行和忍耐更立竿见影。
但是，这样做往往会给我们带来备受折磨的伤痛，
以及更加煎熬的悔意。

动怒的时候，怒气会形成回音，终究再返还自己。
要么对方在收到我们所发出的怒气后直接返还，
要么会通过暗中挖掘我们内心的心理战返还，
还有可能会通过人们无止境的背后嘀咕来返还。
因此，当你想发火的时候，一定要做好思想准备。

你是否也讨厌家里杂乱，讨厌清扫呢？
那么就邀请朋友来家里做客吧。

这样的话你会在三十分钟之内结束打扫，并突然生出很多力量！

•

世上最讨厌的事：
一吃饭就得洗碗。
仅次于它的事：
一起床就得叠被。

•

在赴朋友的晚餐邀请时，
晚五分钟到达似乎最理想。
因为朋友在准备晚餐后还需要进行最后的清理，
因此稍微晚一些到达会有很大益处。

•

看过《实习医生》后懂得了一点：
男人携带手帕并不仅仅是为了自己，
他们带手帕同时还是为了身边需要手帕的人。

•

我们在帮助别人的时候，
能够想着“这样做我的内心会感到舒服一些”，
要比“我是为了他才出手相助”会更好。
这样，即便以后受助对象让我们寒心，
我们也不会动摇继续帮助别人的决心。

在我困难的时候得到了他人的帮助，
现在情况好转，我想报答帮助我的人时，
可能对方已经不在这个世上了。
此时，请帮助那些与自己当时情况相似的年轻人吧。
这样，逝者也会高兴的。

法顶大师[1]来纽约的时候我曾带他去过书店。那时，大师说："慧敏师父如果也有想买的书也一起选了吧。"现在想想，当时我以自己是学僧为借口竟然非常不懂事地选了八本书，我的恩师看到后对我使眼色，让我只选一本。此时我才产生"天啊"的懊悔想法，打算将书放回去。法顶大师看到后说："书对于学僧来说与食物和空气没什么两样。"然后将那八本书全都买下来送给了我，而且还亲自签了名。

"慧敏师父，希望博士期间努力学习，
今后能够帮助更多的人。"

——法顶

我们的生活中真的是充满了长辈们的恩德。
我也应该像这些大师一样宽厚待人，
亦像逝者们期待的那样。

---

1 法顶大师是韩国当代极具代表性的佛教僧侣。

“我为了你才来的这里。”

相爱的时候我能够给予对方
最好的礼物，
就是一直向着对方的自己。

礼物，布面油画，116.7厘米×72.7厘米，2013年

# 倾听
# 是爱的表现

生活中，当自己非常疲劳时，总是会想和别人倾诉一下吧？大家小时候一般都会找什么人倾诉呢？是找比自己更有能力、更能分辨是非、更会说话的朋友，还是找与能力无关的、能够仔细聆听并为自己考虑的朋友呢？如果是我的话应该会选择后者。虽然与比自己更有能力、更能分辨是非的朋友聊天，客观上能让自己找到自己的问题所在，能够给予自己一定的帮助，但是如若真的在经历难事，不知为何这种理性的指点似乎总是存在百分之二的不足。因为与这些理性、正确的指点相比，我们似乎更希望能有人理解自己困苦的心情，并侧耳倾听我们的诉说。

这是发生在美国执教时候的事情。在教授学生的过程中，虽然我能经常体会到教书的巨大意义和幸福感，但同时还会经常感到“教书真不是件容易的事情”！由于语言和文化的差异而遇到困难倒是其次，最主要的是美国学生中偶尔会有对我的授课做正面反驳和挑衅的，有时我甚至能强烈感觉到有些学生并没有真心参与课堂教学。

每当看到这小部分的学生，我的内心深处开始渐渐地不自觉地去排斥他们。这使我感觉很痛苦。因为对于一名教师来说，没有比讨厌自己所教的学生更痛苦的事情了。每当出现这种情况的时候，我的内心都十分不安和难受，因此我非常希望能和某位前辈教师聊一聊这个问题。我想知道是不是只有我出现了这个问题，还是说前辈教师们也经历过同样的事情，我希望能有一个人帮我解开这个疑惑。

但遇到这种情况的时候，我还是更愿意找具有很强包容力、能够静静倾听我的故事、曾经是天主教修士的前辈教授，而不是与平时和我走得比较近、聪明而善于表达的哲学教授。细究其原因，可能是因为如果某个人能够侧耳倾听自己的话语，那么这个人并不仅仅会单纯地倾听诉说，还会让我们感受到被承认的感觉和为我们倾注能够让我们好起来的能量。如果能够在我们诉说的过程中不中途打断或者是重复某个话题，而是一直用专心听的眼神关注着，我们的内心就会被打开，而且通过对方，我们还能感受到自己被放大。这样，我们就能够找到心灵的出口，通过这个出口，我们可以将一直以来独自承担的情感包袱信任地倾诉出来，由此在心理上感到轻松和释放。

而且，如果有人能够仔细聆听自己所经历的困苦，不知何故，会让我们感受到莫大的安慰。同时，会让我们觉得这些困苦的出现是有它的意义的。我们可能一直觉得只有自己才经历过某些艰难处境，但如果听说有些人也有着相同经历，我们就会认识到这些困境的出现并不是因为自己自身的问题而产生，这是所有人都需要经历的事情。这样，我们就能够接受所经历的一切。由此可见，能够侧耳倾听不仅是共鸣的开始，也是心理治疗的基点。

作为僧侣和学者，我会经常在人前讲经或上课。然而，有些听众会因我的一些无聊的幽默而眉开眼笑，这让我可以开心地离开讲堂。相反，有些听众则是非常诚实地反映课程效果平平。如果听众毫无反应，那么说话者即使是说相同的话语，也需要花费比平常多两三倍的气力。如果我的话语能像水一样流动起来，通过听者让其循环，那么就会产生力量，气氛也会更好，反之我的话就变得没有意义，而且我在心理上也会产生畏惧。因此，能够集中精力倾听别人的话语，是对对方的关心、照顾、关爱的一种非常具体而主动的表现。

我有时候会纳闷，为什么当下的很多人都不分昼夜地玩儿朋友圈、Facebook（脸书）、推特等社交网站。在没有任何人要求的情况下，将自己今天都做了什么、想了什么用图片或者文字的形式公之于世，理由是什么呢？难道不是希望在网络世界里也能有人倾听自己的诉说吗？这样做能够让我们感到自己做这些事情的意义，也能让人体会到自己存在的价值。这就像是把自己扔到没有观众或听众的舞台上过无意义的生活，我们连痛苦的感觉都不会再有。

请大家观察一下自己的周围是否存在着痛苦的家人和朋友。即便我们不知道解决他们问题的方法，但仅凭我们会好好倾听他们倾诉这一点，他们都会非常感谢我们。

郊游，布面油画，72.7厘米×60.0厘米，2015年

“某个人的痛苦能够得到解决，

并不是因为我们知道解决办法而使之得以治疗，

而是因为向他袒露我们也曾有过同样的痛苦，

让他敞开心扉，仔细聆听他的诉说。

这样，即便是我们给不出确切的答案，

也会让对方获得勇气，并让一切都好起来。”

当我们诉说某件事情的时候，
与能够从对方那里听到正确的指导相比，
很多时候我们还是更希望对方能够仔细倾听自己的话语。
当别人在向我们诉说的时候，请不要贸然给出建议，
而是要将对方的诉说听到最后一刻。

不要试图让对方按照自己的想法做出改变，
充满关心的温暖的注视、认真倾听的态度，
才是爱最淳朴的表现。
如果让其改变，对方的本貌就会消失，
最终我们只会看到他们按照自己的标准产生的问题。

真正的爱似乎是“无论如何”也要爱。
除了自己满意的一面，
即使存在不满意的地方，
只要能将这些不满意的地方全部解决，
喜欢的感情就会转变成爱。

孩子会让别人看到自己的伤痛，

因为他们想得到别人的关心与担忧。
其实仔细观察会发现，成人也是如此。
难受或疲劳的时候，悲伤或委屈的时候，
不要将这些感觉埋藏在心里，
请像孩子一样将这些伤痛展现给他人，
并与对方说："我很难受。"

当我们觉得"我很了解"的时候，说明我们不想再看到对方。
当我们觉得"我不太了解"的时候，说明我们希望进一步接触对方。
因此，爱就属于"不太了解"这种情况。
请大家仔细观察周围的人，看看是否已经很了解他们了。
也许你觉得已经"很了解"了，
而实际上你看到的并不是他们目前的样子，
只是你在用过去的眼光看着他们的样子而已。

当我们听到诋毁好朋友的言论时，
一定要将这些话告诉好朋友吗?
有时候，装作不知道也是一件好事。
因为让好朋友听到这些话不会对他们有任何益处，
而且如果是会给朋友带来伤痛的言论，
就请在我们这里把它断绝掉。

●

在我面前辱骂别人的朋友，
当我不在的时候也会辱骂我。

●

请不要期待在自己指出别人不对之处以后，
他们的行为能有所改变。
这样做往往会让对方受到伤害，
而且也不会让事情发生任何变化。
倒不如通过表扬来突出他们好的一面。
本性是自己都无法改变的。

●

即便是出于礼节，也请在与对方见面的时候称赞一下对方。
变漂亮了，看起来更年轻了，今天的衣服或鞋子尤其出彩……
这样会让对方对我们产生好感，
以后的交往也会很顺利。

●

冬天的时候穿着手工僧袍走在曼哈顿的大街上时经常会听到别人说："哪里可以买到这么时尚而有型的衣服？"

●

众所周知冬天很冷。

当看到这样一则广告——“人是暖炉”后，
似乎真的觉得因为我们相互存在于对方的世界里，
我们身体和心灵的寒冰能够因此被暖化。
让我们都能成为让别人感到温暖的暖炉吧。

生活中的很多烦恼都缘于与他人关系的断绝。
随着心灵之门的关闭，伤痛、害怕和疑心会随之产生。
如果现在已经感受到了这种绝交之痛，那么请为他祈祷吧。
不憎恨他，是不让自己内心造成伤害的最好的方式。

当遇到让自己痛苦的人时，请在心里默默地说：
“他也和我一样，为了养家才这样，
他也和我一样，希望幸福才这样，
他也和我一样，也会经历苦难。”

当遇到毫无理由地伤害我们，或者是无法理解的人时，
为了自己，请在心里重复一遍：“世界很大，奇怪的人很多。”

经常会出现别人与自己想法不同的情况，
此时我们只需要说一句“咱俩不一样呢”即可。

如果说“你错了”的话，会伤害到对方。
换个角度想一下，如果对方说自己错了，我们又会做何感想呢?

我们很难如实地听一件事情。
因为我们在听说某件事情的时候，
总会翻出自己过去的经历，
然后各自对听到的事情进行解读。
因此，即便是向十个人说同一件事，
这十个人的解读亦会完全不同。
修行始于察觉到自己一直在按照自己的方式倾听。

每个人都有自己的立场。
站在自己的立场上看，自己总是对的。
但是，为了解决矛盾，不要总是强调自己的立场，
而是要说出“我明白你的立场。你得多恐慌，多辛苦啊”
这样的话语。
不要试图说服对方，请先理解一下对方的心情。

我们很多时候是因为“不自知”给别人造成伤害，而不是因为“狠毒”。
如果受到伤害或者是给别人造成了伤害，那么请温柔地说：
“对不起，我没能明白你的心意。”

我们会在不自知的情况下给别人造成伤害。
因为在造成伤害的时候不自知，所以才会形成伤害。
因此，真正的悔悟不仅仅是针对明知故犯，
还包括在不自知的情况下犯下的错误。

驾驶技术好的人会观察车流情况，然后再驶入其中。
而驾驶技术不好的人是不会观察整体的车流情况的，
他们只会想着现在该如何驾驶。

在做某件事情的过程中让他人感到不满或者与他人发生争执时，
我们应该扪心自问："我现在有集中精力做自己负责的事吗？"

在禅房悟法的时候，由于忙于察心，
我基本上不会干涉别人的事情。
然而，当无法集中精力做自己负责的事情时，
别人的缺点就会映入眼帘。
即，别人的缺点其实也是映照在内心这面镜子里的自己的缺点。
越是在这种时候，我们就越应该回归本心，
集中精力做现在应该做的事。

# 4. 勇气篇

## 宛如黑暗之光

欣赏的闲暇，布面油画，53厘米×33.4厘米，2009年

# 致亲爱的年轻朋友们

亲爱的年轻朋友们，每当看到你们肩膀低垂，听到你们软弱无力的声音，我都会很揪心。今天一天过得怎么样？身心还好吗？我们从小到大都没能学到享受当下的方法。不，应该说似乎没有人允许我们享受当下。似乎大家都在告诉我们：现在应该将精力都放在学习上，你想要的生活先放一放；不要贪心，要跟上世界的速度。即便我们再想谈恋爱，想学习音乐或舞蹈，大家都会劝我们"现在是应该集中精力学习的时候"。大家会告诉十几岁的孩子上了大学之后就可以尽情享受了，然后趁现在将他们送到令人窒息的图书馆和学习班，可真正进入大学之后又怎样呢？"现在是为就业做准备的时候"，"现在应该开始公务员考试的学习"，"现在应该考取各种资格证"，难道大家没有再次强调继续忍耐的各种理由吗？

也许我们已经习惯了为了将来而牺牲现在的说法，也许我们已经形成了一种思维定式，即认为过程并不重要，只要结果好就行，因此觉得现在的忍耐是理所当然的。然而，在生活的过程中我们一般会有这样的疑问：我现在的委曲求全难道以后真的能得到补偿吗？同时我们可能还会有这样的不安：就算我现在完成了一件事情，可这难道真的是自己的梦想吗？这难道不是按照父母或者社会给我统一设定好的成功标准——“应该做这些，这就是成功”而做的吗？

就算运气好，进入了一直向往的公司，可真正进入后会发现我们只不过是里面最末端的“乙方”或者“丙方”而已，而真正要找到认为我们的意见或想法很重要的职场前辈是非常困难的。我们一般会认为，因为刚开始学习新的事物，所以做不好很正常，而且就算做不好，职场前辈们慢慢指导就行了。可实际上我们往往会因为职场前辈们厌烦的表情而自责自己的无能，而且会感到非常痛苦。因此，在实际的职场生活中，即便我们觉得这里就是自己将要贡献一生的地方，可有时也会产生“精神错乱”的感觉。因为我们有时会搞不清楚现在做的这些是否是为了迎合周围人的期待，是否是为了想成为父母希望我们成为的样子。

其实我也是如此。我也曾认为考入好大学会得到家人和亲戚的认可，甚至也可以得到社会的认可，而且我也想得到这种认可。因为从小家境困难，所以我为了改变这种状态而比别人更加努力，即使在学习方面并不是很有天分，可还是读到了研究生。当然，现在回顾就发现，虽然这样的生活并没有给我带来什么不幸，我自己也没有后悔过，但是如果扪心自问通过博士学位的攻读我得到了什么，说实话，我也只领悟到了“教授的生活就是这样的啊”，我也只是了解到“通过分析问题的学术学习并不能找到根源问题的答案”。因此，最大的收获似乎就是发现自己对学问的执着程度有所下降。

很多人都曾问我哪里来的成为僧侣的勇气。这似乎是因为我并不是很在乎别人如何看我，我只想活出“自己”。我不想按照别人制定的成功标准来衡量自己，也不想一辈子都担心别人如何看待自己，更不想到死为止都要辛苦地活着。我想知道我为什么会出生，死后又将是什么样，我想看到自己内心的本性。当然，有些人会认为我这样很自私，而有些人则会认为这是充满勇气的选择。但是，难道我们不应该成为一次自己人生中真正的“甲方”吗？哪怕只是一瞬间。

说实话，难道我们内心的一隅没有想过这样生活吗？难道我们没有梦想过过一次没有遗憾、没有悔恨的生活吗？就算别人会指着我说“真是傻子行径”，过一次自己想要的生活对我来说仍是非常宝贵的经历。因为只有这样经历过，我才能堂堂正正地向这个世界说出我爱自己的生活。

亲爱的年轻朋友们，你们可以去过自己想要的生活。这种生活不是父母期望的生活，也不是社会共识中充满无限前景的生活，而是我们自己想要的生活，我们自己认为有意义的生活。无论周围的人如何劝阻也不妥协，因为他们代替不了我们生活。如果软弱的内心发出“这样真的可以吗？”这种疑问，请笑着回答它“可以”。当别人想走没人走过的路，或者是不太熟悉的路时，请阻止那些想说不要往那儿走的人。如果我们能痛下决心“我会对自己的选择负责”，那么就请不要过于听从别人的话，我们需要做的仅是跟随自己的心。

真心希望大家能够掌控自己的生活，而不迎合别人的期待。希望大家都能拿出成为自己生活的主人的勇气。加油！

●

当我们按照自己的步调走自己的人生之路时，
周围经常会出现试图动摇我们的理由。
如让我们考虑一下自己的年龄，
再说一些关于婚姻、金钱、工作的话题，
并拿别人和我们进行比较。
此时，请不要动摇，也不要回顾自己走过的路，
要像犀牛角一样，勇往直前。

●

人生不是等待。
即使知道下一班公交车会来，
也不能排除因为公交车路线更改而错过的可能。
因此，无论何时都要将自己所想及时付诸行动。

●

如果长期都没能等到可以改变我们生活的那个人，
那么似乎就没有再等下去的必要了，
也许正是上天让我们成为自己所等待的那类人。
当我们想依赖他人的时候请注意，
其实在我们的内心深处，
有一种比我们想象的更强大、更智慧的存在。

请扪心自问一下，
是什么引领了自己的生活？
自己今生想要得到的是什么？
如果答案很明确，那么我们就能够活出自我，
而不会毫无主见地盲从于他人。

如若没能试图通过各种经历来了解自己究竟想做什么，
而只一味跟随别人，那么最终你将选择竞争率非常高的职业。
费尽心力准备考试多年，结果如若不好，
且除了考试之外没有想过其他出路，
那么你将会遭遇巨大的彷徨。
职业的种类超过万种。
请大家一定要跳出社会、父母给我们设定的框架，
走出属于自己的路。这才是成功。

学习新事物必然会经历难堪。
别人有可能会嘲笑我们连这个都不知道，
自己也可能会厌烦什么都做不好的自己。
如果连这个都不能忍受，
那么这一生，无论是外语、运动、乐器还是驾驶，都将无法学会。

即便是非常讨厌的学习，也请从自己最喜欢的科目开始学起。
即便是不怎么样的食物，也请从看起来比较好吃的那道菜开始品尝。
书也可以从最想看的部分开始阅读。
最初觉得不喜欢做的事情如果能先试着起步，
那么慢慢地就会毫不费力地继续进行下去。

韩国的图书室文化非常独特，
只有韩国有这种图书室。
在那里可以学习，可以和朋友们畅谈不确定的未来至凌晨一点，
还可以在那里吃面、紫菜包饭、炒年糕等夜宵。
过去一起泡图书室的朋友现在在做什么呢？

创新思维往往很容易出现在非主流的生活圈中。
因为它们会不停地对主流既定的规则发出质疑与挑战。
即使不是主流，也请积极地活用自己有用的一切，
无论什么，都按照自己的方式进行尝试。

20世纪西方著名思想家米歇尔·福柯、雅克·德里达、爱德华·萨义德
都属于备受歧视的非主流出身。
米歇尔·福柯是同性恋，

雅克·德里达出生于法国殖民地阿尔及利亚，
爱德华·萨义德是阿拉伯国家巴勒斯坦中的基督教信徒。
但他们并不认为自身的非主流是自己的缺点，反而去积极地接受它，
并在主流无法意识到的观点中将西方哲学史大变样。

●

并不是多思考就能解决问题，
所以请不要试图用思考来解决问题。
相反，我们需要让心灵休息一下。
思维休息的时候，问题的答案就会浮现。
智慧源于平静。

●

当你过于忧虑而不安的时候请自问，
对于未来如此忧虑是否能改变什么?
因为忧虑是否会因此错过现在?
如果没有能够改变的东西，那么请告诉自己的内心:
“当事情真正发生的时候再去担心吧！”

●

苦恼也需要排好顺序。
对于尚未发生的事情，如果假定其已经发生，
似乎只会令自己头疼。
我们只需苦恼现在已经发生的事情，

其他的就等发生的时候再说。

●

想得太多反而会更累。
想做就做即可，想得太多容易产生抗拒心理：
“做不了，太累了，太难了。”
早上早点儿起床，趁头脑清醒、没有杂念的时候就将事情完成。
因为时间久了，又将开始抗拒。

●

即使不完美，但做到百分之八十五也能接受的话，
就请开始做下一件事情吧。
做得完美并不是指毫无遗憾地把握住某件事情，
因为所谓的完美只存在于我们的想象中。

●

考试或面试之前请牢记：
我知道的东西远比自己想象的要多。
我们潜意识里存在很多东西，
我们有资格充满自信。

●

请区分好自己现在可以掌控的事情和不能掌控的事情。
我们无法挽回过去已经发生的事，

我们无法掌控别人如何评价自己，
但是，我们眼下可以掌控一件事情：
将现在的精力都放在停止担忧这件事情上。

•

请不要畏惧失误。
我们需要畏惧的是没能通过失误学到东西。
所谓某个领域的专家，
是需要通过各种磨炼和经验的积累才能造就的。

•

生活中，当各种考验蜂拥而至的时候，请不要迷茫。
找个安静的地方好好查看一下自己的内心。
当内心趋于平静时我们就会明白，
其实在自己的内心深处一直存在着能战胜各种考验的巨大力量。

•

年轻时候的日子似乎很辛苦。
因为成年人总是认为我们小、没经验，
因此我们总是在不断地证明自己，
而这些证明又在不知不觉中让自己感到很辛苦。
但是，诚如隧道也有尽头，
虽然不会突然变亮，但它会慢慢给我们希望。
正处于“年轻”这个黑暗隧道中的朋友们，真心为你们加油！

青春，布面油画，95厘米×50.5厘米，2013年

## 适逢人生第一次失败之时

“我高考考砸了。我觉得自己现在很迷茫。我知道得复读，可是我却不知道该如何把控自己的心。”“公务员考试我准备了三年，可是一起准备考试的朋友们都考上了，我却再次落选。我真不知道以后该怎么办，只感觉前途渺茫。我是重新准备，还是寻找其他的出路呢？怎么做才好？”“从公司辞职后开始经营小店，可与预期的不一样，由于客人少得可怜，只能选择关闭。真是无颜见家人，而且经济上也很困难，真是令人丧气啊。请师父给我重新振作的勇气吧。”

我人生中的第一次失败也非常痛苦。谁都无一例外。不能习惯失败的人在制订未来计划的时候往往会有“也许……”这样的想法。“虽然竞争很激烈，但我也许会合格呢”，“虽然现在经济形势不好，但只要我好好干，也许我的小店能成功呢”……人们总是会有类似这样的想法。很少有人会事先考虑如果考试失败或店铺倒闭之后该怎么办，尤其是那些希望努力做到最好和努力朝既定目标努力的人。当梦想破灭的时候，由于没有事先准备对策，因此会感到前途一片黑暗。此外，越是从小就听到“学习真好”这样赞美的人，越是没有坎坷、一切顺遂的人，在遭遇人生第一次失败时，挫败感就会更加强烈。

但是你知道吗？类似于现在所面临的失败，其实在我们的人生中会出现数十次，今后还会出现不计其数的不遂我愿的事情。而且，只要是人，无论是谁，直至死亡为止，都得经历这样的失败。也就是说，现在的失败是非常正常的经历。重点是，不能因为经历了失败，就认定自己是“失败者”，因为这并不是由于我们有不足之处，也不是由于我们比别人差。所谓的失败只是一个教会我们“之所以没能成事，是因为选错了方法”的宝贵契机。因此，失败之后请冷静地问一下自己：“现在的经验对于自己来说有什么启示？”只有找到失败的原因，我们才能成长。但如果陷入失败的结果无法自拔，那么今后反复出现诸如此类失败的概率会很高。

虽然说僧侣就业很困难有点儿可笑，但我的确曾经在美国应聘大学教授的过程中遭遇过痛苦的失败。取得博士学位后，我根据招聘教授的用人信息投了几个学校，其中通过第一轮资料审核和第二轮面试的学校有六个。然而，在最后的第三轮大学校园面试中，我最中意的一所学校却最先通知我面试不合格。这对于一直没有经历过人生重大失败的我来说无疑是一个巨大的伤害和挫折。虽然当时还有几个学校的面试没有进行，但由于总想着之前学校的落选通知，我对自己的能力产生了质疑，甚至还想到了放弃。被拒绝的心情迅速让我变得忧郁，当时只想睡觉。

但是几天之后的一个清晨，我对于为什么会被那所学校拒绝进行了深刻的反省。静心想一想，我之前一直认为只有让对方看到我最好的一面，他们才会选择我。然而，其实这种想法才是最天真、最错误的想法。学校所希望看到的并不是前来面试的人有多完美，他们需要的是已经具备了该校所需能力的人才，而我并没有很好地理解对方的需求。在谋划某件事情的时候，为了成事，一味强调自己有多优秀是不行的，而要从对方的诉求开始考虑。对于这一点我过于忽视，是我通过这次失败得到的重要启示。经历了这次事件之后，在与其他大学进行校园面试之前，我都会提前对各个学校对聘用教授的需求进行彻底调查，然后认真准备。没过多久，我就从某一大学处收到了好消息。

现在你还在为高考的失败而伤心？那么请不要简单地认为只要再努力就行，而是要找到究竟是因为哪些错误的习惯导致了成绩无法提高。现在你还在为公务员考试失败而彷徨？那么请在家人面前发誓，如果再失败一次就会寻求其他出路。保证这是最后一次，会促使自己拼命努力，就算以后会另寻他路，也不会留下

“当时再试一下就好了”的悔恨。你还在为店铺倒闭而备感挫折?那么请不要责怪别人，而是冷静地问一下自己最终导致倒闭的原因是什么。是否是因为自己所销售的产品没有独特的个性，或者是自己没能对市场进行正确的分析，又或者是店铺的选址不对，抑或是在处理顾客关系中存在失误。我们需要找到明确的原因，如果以后再次挑战，就在一开始花费两三倍的时间进行彻底的分析和准备。

当我们面对失败的时候，请将这些失败转化成只属于自己的人生秘诀，并将这些失败看成是让自己变得聪慧谨慎的绝好机会。请为自己的失败加油。

和谐，布面油画，72.7厘米×50厘米，2015年

•

不能因为没能达成所愿而认为一直的努力皆是徒劳。
过程不是为了结果而生，
过程本身就是一件有意义的事情。
人生，在到达尽头为止一切都是未知的。

•

考试失败并不意味着人生失败，
事业失败也不意味着人生失败。
当人生遭遇不顺的时候，
请一定不要钻牛角尖。

•

遭遇失败之时，为了战胜失败所要做的第一步就是彻底承认并接受失败这一事实。
干脆地接受反而会让自己的心灵得到宽慰，
然后再探讨下一步该如何走。

•

幼年成功是人生三大灾难之一。
一口吃不成胖子，因此请不要失望，
一步一个脚印地向前行进。

•

当事情进展不顺的时候，
请不要一味地苦恼。
我们需要尝试着做点儿什么，
因为我们的人生并没有既定的正确答案，
任何事都是通过不断地尝试才能找到符合实际情况的、
只属于自己的答案。

•

暴雨过后遥望蓝天和远山会发现，
它们的色彩要比之前更加幽深、鲜明。
我们的人生也是如此，
暴雨般的考验结束之后，
要问人生最重要的是什么，
那就是开始看得更透彻。

下雨的时候请不要只是单纯地等雨停，这是在浪费生命。
下雨的时候可以在雨中载歌载舞，等待它结束。

——作者不详

现在面对的所有痛苦都将是过眼云烟。
这些痛苦对于漫漫人生来说只是暂时的，
因此，不要泄气，加油前行。

当你认为某个人的出现能够解决自己的问题的时候，
请谨记：世上没有免费的午餐。
当问题解决之后，
免费替你解决问题的人就会成为你新的问题。

如果我们连自己眼前的事都处理不好，
那么即便是再亲近的朋友也会觉得我们是负担。

●

请不要乞求别人的关注。
如果我们具备了足够的能力，
那么自然就会从别人那里得到关注。
当感觉到自己在无意识间乞求别人的关注时，
请下定决心“我一定要提升自己的实力”。
千万不要将尊贵的自己与乞丐相提并论。

●

因为动摇而改变初衷，那么这个世界会让我们成为亦步亦趋的人。
我们要像岩石一样，不轻易因别人的称赞或责难而动摇。

●

即使我们付出了自己全部的努力，
还是会受到某些人的批判或非议。
但是请记住：
就算是米其林三星餐厅最优秀的主厨做出来的食物，
也还是会有人认为味道一般。
没有人能够让所有人都满意。

•

与十句称赞相比，我们更容易受一句批评的影响。

因此，当我们因为某个人的批评而受伤的时候请记住：

在这一句批评背后，还隐藏着支持和喜爱我们的人的十句赞美。

•

全心全意认真做事的人是最有魅力的。

但是，在努力的过程中不要过度关注自己，

只有在自己与工作浑然一体，达到忘我境界的时候你才最有魅力。

•

你曾有过对某件事情全身心付出，最终连自己都被感动的经历吗？

也许别人不知道，只有自己清楚自己已经竭尽全力，

而眼泪会在不自知的情况下流淌下来。

如果销售人员从骨子里也没有对自己宣传的物品产生好感，
那么这件物品是不会畅销的。
因为与其说消费者购买的是物品，
倒不如说他们购买的是销售人员的热情。

如果上天决定要让我们成长，
那么它就会给我们派来一位竞争对手。
因为看起来比自己强，背景也优越，甚至连性格都要好的竞争对手，
会强烈地激发出我们内在的潜能及努力奋斗的热情。
竞争的时候虽然很憎恨对方，
但是随着时间的流逝，再回顾自己的成长过程就会感觉到，
其实自己的成长还多亏了这些竞争对手呢。

•

请回答：

“在所在同事承担的众多工作中，你认为哪项工作是最累的？”

正确答案：

“自己承担的工作是最累的。”

•

请不要以寻找与众不同的缺陷来突显自己的存在感。

因为那会很快被高手识破。

•

请不要为了领先而非难前面的人，好让自己突显出来。

如果这样做，我们同样也会被后来人以同样的方法所践踏。

我们需要用自己充满诚意的努力和实力来得到认可。

在我们开始为难别人的瞬间，我们的底细也就全部显现出来了。

•

没有实力的人会试图通过拉关系来处理事情。

●

因为是喜欢的事情，
所以认为会一直喜欢下去，
这样的期待是不对的。
因为即便是由于自己喜欢而开始做的事情，
也会随着时间的流逝而让人失去兴趣，并感到疲累。
请不要忘记，
所有的事情都只有在战胜了艰难困苦之后才能结出果实。

●

之前一直认为教授的任务就是教好学生，做好自己的研究。
可是，当真正成为一名教授之后才发现，
教授还需要做一些类似于整理发票、写推荐信、
制作各种研究费用申请书和报告书、
发表学校遴选演讲等很多令自己厌烦的事情。
然而仔细想想，似乎所有的职业都是如此。
只有将自己不喜欢的部分完成了，才能着手自己喜欢的事。

不管是什么事情，
当尽了最大努力做了准备并开始着手的时候，
你都可能会觉得非常紧张、害怕，
可实际上却恰恰相反，
我们会进入一种内心平静、相信自己能将其间努力准备的一切
很好地展现出来的兴奋状态。
请大家务必提前做好准备，因为这样才能使自己不紧张、不害怕。

即便是做小事，也请调动自己的内心、灵魂以及真诚，
全心全意去完成它。这才是成功的秘诀。

——斯瓦米·希瓦难陀[1]

与情况好的时候相比，身处困境或是深陷窘境、无比艰辛的时候，
似乎更能让我们成长，也更能让我们拿出改变的勇气。
时间久了你会发现，困境对自己来说也是良药。
请正在享受这种良药的朋友们拿出勇气，加油！

1 斯瓦米·希瓦难陀是印度极富盛名的瑜伽导师之一。

正确观察的方法，布面油画，53 厘米 × 40.9 厘米，2009 年

对自己要说有骨气的话。

对内心感到自卑的部分大声地说一句："那又如何？"

比如说，对一考试就紧张害怕的自己说："好吧，我是有点儿紧张，可那又如何？""我比其他竞争者要矮一些，可那又如何？""我的家境有点儿困难，可那又如何？"

如果能够承认这些事实，那么伴随着些许愤怒的情绪，你还会获得拒绝自卑的勇气。

一味地隐藏自卑，一味地感到羞愧就会成为问题，

而如果能够承认这些，并喊出"那又如何"，

就会激发出克服自卑、连自己也难以预料的内在力量。

# 5. 亲人篇

我的爱和心中的伤痛

真是无法理解我的孩子、我的
父母、我的兄弟，
为什么他们会那样想，那样做。

但是，即使不理解，
即使自己不满意，
还是会深深地爱着他们。

因为深爱，
超越理解。

捉迷藏，布面油画，90.9厘米×65.1厘米，2007年

## “妈妈，我非常爱您”

诚如世上所有人都是某个人视若珍宝的孩子一样，僧尼也是某位母亲、某位父亲最为珍视的孩子。即使是为了解决大事而皈依了佛门，但与父母之间的天伦是无法割断的。释迦牟尼佛祖的徒弟目连尊者因将其母亲从地狱中解救出来的极致孝道而广为人知。引领韩国近代佛教的镜虚禅师也是在大彻大悟之后找到了自己的母亲。镜虚禅师亲自化缘，尽心尽力赡养母亲二十余年，他似乎并没有因为看破凡尘而让孝道丧失。现在也有很多大师父会在寺庙里奉养自己年迈的老母亲。

我也是如此。每次回到韩国的时候，都会在俗家[1]待上几天，为没能尽到儿子的孝道赎罪。但令人心疼的是，在长时间没能见到母亲的情况下，当我再次见到母亲时，发现她的容貌竟也慢慢

1　俗家指僧人出家前的家。

地变成了老奶奶——白发苍苍，牙齿也掉了许多。看到如同老奶奶般母亲的容貌，作为儿子的我只有伤心。虽然深知世上万物皆无常，但还是无法控制地希望在母亲面前这种无常的真理能够有所退让。

我非常像我的母亲。她虽然有些内向，可性格却是明朗温和的。她喜欢音乐和美术，而且还拥有非常好的审美眼光。她喜欢阅读，每当听到符合自己心境的话语或是有好的想法时，都会将这些及时用文字记录下来。她在遇到困难时懂得忍耐，并能够坚持将事情完成。我从小就是看着这样的母亲成长，并向她看齐的。

然而，在我心目中一直都是明朗、美丽、健康的母亲，最近健康状况却出现了问题，这也是我在前不久回到韩国之后才知道的。她怕身在异地的我担心而没有让家人告诉我这个消息。父母从不会对孩子泄露自己的身体状况。万幸的是，母亲并没有患严重的疾病，但作为儿子的我上个月还是在母亲身边陪伴了一整个月。我之前一直为了能够让众生痛苦的内心得到些许帮助而东奔西走，但却没能照顾好自己母亲的健康，对此我深感羞愧和心痛。

每次结束演讲的时候，大家会相互握手，一起进行“心灵治疗冥想”。彼时，我会让大家在握住身边人的手时，将其想象成是父母在握自己的双手，然后一起来理解父母，并为他们祝福。

“母亲此生真是辛苦了。父亲也劳累了。保佑父母身体健康，心情舒畅，无论在哪里都能得到护佑。”

如此默念的时候总会发现很多人的眼睛会湿润。作为子女，一想到父母便会因为自己没能很好地尽孝而感到抱歉和心痛是人之常情。虽然我们都有尽孝之心，可行动却总是迟缓，或者是没有表现的机会，抑或是错过可以表现的机会。而当大家一起紧闭双目为父母的健康、幸福、安宁而祈祷的时候，都会不知不觉地流下眼泪。我也和大家一样在为母亲的健康而忧虑，在做祈祷的时候突然发自内心地冒出这样一句话：

“妈妈，妈妈，我非常爱您。”

不是经过思考，而是发自内心的话才会如此简单直接。虽然有些难为情，但我还是马上将对母亲的爱用短信发了过去。仔细回想一下，却怎么也想不起来何时对母亲说过同样的话。而且，我非常自然地用了“妈妈”而不是“母亲”的表达。[1]之后我才了解到，母亲在看了成为僧侣的我发的这条短信后哭了很久，而且还痛下决心，即使是为了自己的儿子也要再次好起来。父母似乎就是这样一种存在，他们不是为了自己，为了身体照顾自己，而是为了子女，为了不成为子女的包袱。

小说《妈妈，你在哪里》也表达了孩子在失去妈妈之后才明白了妈妈的爱。作者某一次在家里接受采访时也提到，这篇小说构思了很长时间，而且一开始展开得并不是很顺利，但是当把“母

1　这里表示作者与妈妈的感情更亲密了，所以没有使用更为正式的“母亲”的表达。——译者著

亲”换成“妈妈”之后，进展却变得出奇顺利。小说最终以大女儿来到梵蒂冈，看到圣母抱着死去耶稣的“圣母怜子像”时放下《玫瑰经》，说出“妈妈，妈妈你在哪里？”而结束。

下周我又要出国了。离母亲而去的心情是无法形容的。我的内心深处总是不知不觉地默念着“观世音菩萨保佑，观世音菩萨保佑”。

只要抓住自己所爱之人的手，
就会感觉到自己经历的苦痛要比独自承担的时候有所减轻。
越是痛苦，就越会感到亲人的爱十分宝贵。
越是痛苦，就越应该给予亲人更多的爱。

当所爱之人痛苦的时候，
我们能够给予的最有意义的礼物就是我们的存在。
好听的话和物质上的帮助虽然也很好，
但静静地坐在他的身边握着他的手，给予他一个微笑更为重要。
别忘了还要看着所爱之人的眼睛。

我们并不是因为没有疾病而得以长时间生存。
即使得了病，只要好好休养，同样可以生存长久。
希望正在与疾病做斗争的朋友们和正在身边守护的朋友们，
不要放弃希望！

即使天气预报说会下一整天雨，

可仔细观察会发现，其间也有暂时停止的时候。

同样，即使因为病痛而感到痛苦，可仔细想想，

其间也存在不难受的瞬间。

但是，如果一直抱有“我病了”“会下一整天雨”这样的想法，

那么往往就会误以为雨真的会下一整天，或者病痛会时时相伴。

如果过于执拗，就会造成比想象更加严重的后果。

比起“我爱你”，

也许我们更想听到“我需要你”。

因为这一句话就让我们体会到了自己存在的理由和价值。

今天，请鼓足勇气说出“我需要你”。

•

当我们深爱的亲人离我们而去时，
我们会因为没能好好地对待他们，
没能好好地保护他们而产生一种负罪感。
如果我们能够跨越这段痛苦的时光，
那么我们将再次迎来本以为不再出现的春天。

当看到世上开满了鲜花，当沐浴在温暖的阳光下时，
我们会蓦然产生一种故去的亲人似乎正在某个地方看着我们，
为我们能一切顺利而进行祈祷的感觉。
本以为我们是孤独的，可实际绝非如此。

•

正如失去了宝贵的亲人，
我们的人生也不会再重来一样，
无常的经验是人生最大的老师。
希望现在正处于某种困境的朋友们，
能够通过这种伤痛感悟到人生的真谛。

随着时间的流逝，无论多么亲近的人，
与自己的关系也可能发生变化，甚至会疏远。
也许好朋友会搬家，
也许亲人会因病痛先行一步离开这个世界，
又也许许多挚友会渐渐失去联系。
但是，请不要因此而过于忧伤。
因为一扇缘分的大门被关上之后，
便会有另一扇出乎意料的缘分之门向我们敞开。

有些人在我们的生命里来去匆匆，
而有些人却能在短暂的停留中给我们的生活带来巨大的转变，
并在我们的内心深处留下美丽的足迹才离开。

——弗拉维娅·韦斯利

●

父母能够给予孩子最好的礼物就是自己能幸福。
如果父母幸福了，孩子的存在感就会极强。
反之，如果父母不满足于现在的生活，
那么，孩子就会认为自己是一个无论做什么都无法让父母开心的人。

●

认为自己为了孩子牺牲了自己的人生？
可别说感谢我们了，孩子甚至会认为他们不是为了自己而活，
而是为了迎合父母的期望而活，因此时常会痛苦愤怒。
此时，我们需要检讨一下，
出现这种情况是否是因为我们把对孩子过度的执着误认为是牺牲。
我们还需要检讨一下，是否借牺牲为名剥夺了孩子自主学习的机会。

生活中存在很多我们无法掌控的事物。

虽然我们可以为子女、丈夫、妻子、朋友的幸福而祈祷，

可以给予他们关心与爱，

但是他们的幸福最终只取决于自己，

并不受控于我们的期望。

现在，尽可能让他们按照自己的想法行动吧，

放开手脚让他们为自己的行为负责。

只有看着他们痛苦，才能提高我们的免疫力。

想要无条件地代替他们承担痛苦，

这对自己所爱之人来说反而是不利的。

过于溺爱徒弟反而会毁了他，子女教育也是如此。

因此，我们经常会看到与下尽苦功培养的老大相比，

没怎么下功夫培养的老二、老三反而更加孝顺，更加有出息。

青春期的孩子往往听不进父母的话，
他们固执，总是想按自己的想法做事。
这是因为这一时期孩子的意识正在向独立的成人进行转变。
这是非常正常的现象，因此不用过度担心。

孩子是愿意尊敬父母的。
当看到父母帮助处于困境中的人，
为坚守宝贵的价值观而努力的时候，
他们就会开始按照父母的教导去做，并尊敬父母。
请一定让子女感受到父母带给他们的自豪。

父母一定要告诫孩子：无论在什么情况下，
都不能向比自己弱小的朋友施以辱骂或是暴行。
把朋友的痛苦当成自己的快乐是一种邪恶的行为。
如果你希望自己的孩子成长为一名正直的人，
那么就绝对不要容忍这样的错误出现。

在遭受压迫和暴力的时候，
能够保护自己的人只有自己。
如果深知与对方相处总会受到伤害，
那么就请与之划清界限，并远离对方。
拉开一定距离你就会听到自己内心深处的声音，
从而会慢慢变得强大。
请不要优柔寡断，
让自己长时间处于痛苦之中。

在交谈的过程中，
经常会听到很多人说自己因为与父母的关系而备感疲累。
当你因为既厌恶父母，
同时又非常爱他们的双重心情而感到难过时，
请不要否定它，而是坦然接受。
因为我们会在爱的同时产生厌恶。

子女很难改变父母的性格、价值观、行为方式以及夫妻关系。
即便在子女看来，父母的行为或想法存在问题，
但那也不是子女可控制和承担的权限及责任。
不要因为父母而让自己痛苦。

我们往往会产生这样的心理——
希望在伴侣身上得到自己在成长过程中因为经常遭受父母的拒绝或不被父母重视而缺失的爱和关心。
而如果伴侣也漠不关心的话，
我们就可能再次想起小时候的伤痛，
并与之大闹一场。

然而，问题其实并不在伴侣身上，
而是源于我们一直无法释怀的、隐藏在内心深处的伤痛。
请大家不要将这种伤痛转嫁到别人身上，并与之争吵。
坦诚地承认，这是因为我们害怕伴侣也会像父母一样拒绝自己，离开自己。

痛苦的记忆、想要得到认可的欲望，再加上多余的自尊心，
这些结合在一起完全可以毁了所有的关系。

如果因为长时间相处而即使对方没有任何表现也能对其有全面了解，那么就当什么都不知道吧。

生活的态度，布面油画，33.4 厘米 × 53 厘米，2015 年

# 对于<br>理解父亲

我这次是真的对父亲发火了。

“爸爸，早就和您说过了得去医院，可为什么您还在拖延时间？”

我莫名地烦躁，同时非常讨厌用这种方式和父亲说话。事情是这样的。去年，在结束了凤岩寺秋季安居修行之后我回到了老家，发现父亲面容消瘦。我问他有什么特别的原因导致了消瘦吗，他说没有。后来才听说他消化不好，需要经常吃一些消化药，我突然产生了一种是否是得了胃癌的担忧。因为听说胃癌的早期症状就是逐渐消瘦……而且，我的祖父正是因为胃癌离世的。

然而，父亲不顾我的劝导，一直没有去做胃镜检查。他只是说他的身体没事儿，还告诉我要照顾好自己的身体。他说自己不是什么重要人物，而作为他儿子的慧敏师父今后却是要为世人做很多好事的，因此一定要关注自己的健康……此后，冬天再次见到父亲时，他已经被感冒和鼻炎折磨了一个月有余。这次，父亲似乎也意识到自己的身体出现了某些异常，因此主动说要做胃镜检查。听了这话，我心里咯噔一下，瞬间爆发。为什么不能好好善待自己的身体，为什么总是认为自己是不重要的人，为什么不想想担心着您的孩子们。真是让人难过。

这种感情似乎并不是只有我有。与很多对我吐露苦恼的朋友聊天后发现，半数情况下，子女与母亲的关系和子女与父亲的关系会有所不同，而与父亲的关系中会包含更加复杂的感情和困难。尤其是儿子，要比女儿的情况更加严重。其理由有很多种，若一定要分类的话，大致可分为五种。

第一，父亲不善于表现对子女的爱，总是摆出一副家长的姿态，经常发火。此种情况下，父亲对于子女来说就成了难以逾越的、令人敬畏的大山一样的存在。对于从小就生活在父亲权威的影子下的孩子来说，即使长大成人，与父亲相处仍会感到别扭，而且与父亲也无话可说。

第二，父亲没有什么特别优秀的经济来源，或者因为外遇而让母亲伤心。此种情况下，子女会因为看到忍辱负重的母亲而对其产生怜悯，同时也会将对父亲的愤怒和父亲给自己带来的伤害隐藏于心。由于这种强压下去的感情无法向父亲坦露，因此这样的子女在成年以后对父亲仍会憎恨和躲避。

第三，父亲通过坚持不懈的努力白手起家，对子女抱有很高的期待。在克服了艰难险阻而取得成功的父亲眼中，即使子女的学习还可以，也很努力，但还是会不满意。因此，这些很难得到父亲认可的子女在成人以后，还会经常感到不安，并且无法正常地休息。因为他们并不觉得自己的存在是值得被爱的，而是认为只有在某方面取得一定成绩的时候，才能得到爱。我经常会遇到一些虽然拥有好的学历、好的工作却觉得存在感很低的年轻人，经过与他们的沟通发现，很多人都属于上述情况。

第四，出生于平凡之家的孩子反而会更优秀，在社会上取得更大的成功。虽然并不全是这样，但属于这种情况的孩子会非常讨厌父亲的干涉，而且会觉得父亲有些闷。他们认为自己非常了解如何走才能让自己的将来更美好，同时也认为父亲是无法想到这些的。

第五，最后一种类型是从小就失去父亲。属于此种情况的孩子会不停地怀念自己的父亲，心里常常会感到失落。成人之后还会将父亲想象成英雄，被像父亲一样的老师或经验丰富的人所吸引。

我非常想知道父亲为什么总认为自己是不重要的人，也非常想知道为什么父亲会因此不在意自己的身体。就像我试图通过谈话来了解对方一样，我开始努力地对父亲进行剖析。我先将父亲单纯地视为一个人，而不是自己的父亲。这时我看到了一位从前没能从祖父那里得到特别关注和爱的少年。

身为二儿子的父亲有一段痛苦的经历，那就是在朝鲜战争的时候，祖父仅是带着大儿子逃离了战乱，而将父亲和祖母留在了乱世。即使是在日常中有煎鸡蛋这种珍贵的食物，也只是留给大儿子。祖父也受着老一辈的影响，是一位专制的、没有任何爱的表现的、冷漠的人。在这种背景下长大的父亲无法感受到自己的存在有多么宝贵。那个面对较为亲近的亲戚也会多加照顾和忍让的少年，虽然现在到了祖父的年纪，也总是认为自己是并不重要的存在。我突然感到自己的眼圈已经红了。

父亲在做完胃镜检查之后给我来了电话，告诉我他没有患上胃癌，然后稍微犹豫了一下突然说："儿子，我爱你。"这是我第一次从父亲那里听到这样的话。瞬间，我的内心深处涌上一股热流。我想对即将阅读到这篇文章的父亲说："爸爸，我也爱您。非常感谢您将我培养成为一名如此积极乐观且存在感极强的人。"

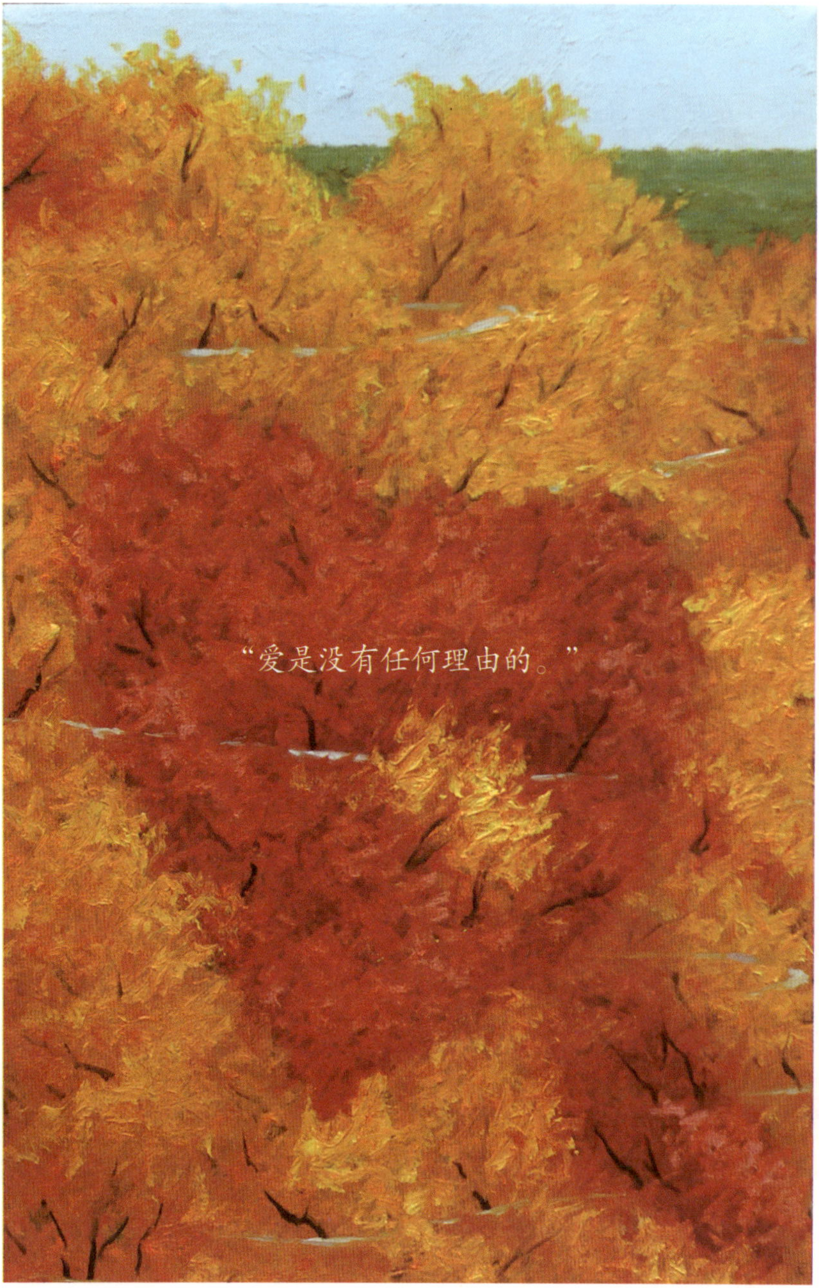


如果你进入我的心田，布面油画，27.3厘米×45.5厘米，2015年

在被碰触底线的时候请记住：
“我对于自己的家人和朋友来说，依旧是宝贵的存在。
我能够对这个社会产生好的影响，
我存在的价值不会被某些人的评价左右。
我坚信，用不了多久我就会遇见珍视我、相信我的能力
并能保护我的人。”

爱，在我看来，并不是为他做他所需要的事，
而是为他做他自己期望的事。
虽然为对方做他所需要的事非常美妙，
可其中也包含了操纵对方的意图。

只要做好计划，那么即使我们是在照顾身边的人，
也可以兼顾到自己的幸福。
无条件的自我牺牲，长久来看，
对于自己所照顾的人来说也不是什么好事。
因为只有我们自己幸福了，才能够长时间地照顾对方。

●

你在为伴侣、孩子的肥胖而感到担忧吗?
其实让家人减肥的最好方法就是身体力行。
如果自己能带头定期地运动,
那么他们和我们一起运动的概率就会非常高。

●

当你因为已经竭力付出,
而对方反应平平或是提出更多要求而感到不知所措时,
你就没有再付出的必要了。
如果自己已经付出了全部,那就放手吧。
如果真的有付出的必要,
那对方会以我们所做的为基础做些什么。

●

为了让对方振作精神,
我们经常会说一些要挟他的话:
“如果不能满足我,我就会夺走你正在享受的某件东西”,
或者“以后我不会再像以前那样对你”等。
尤其是对家人和同事,我们经常会说这样的话。
但是也许这些话反而会成为诱导我们关系发生变化的导火索,
还有可能给对方留下更大的伤害。

与其要挟或是像下最后通牒般地表达，
倒不如仔细说明事情的重要性。
不要强迫对方，
而是要让其自行接受，
这才是长久之计。

●

我今天仍记忆犹新的名言是：
“僧人的经济条件好了，
原本不尽如人意的兄弟情谊也会变好。”
是的。好好挣钱，分享着花才可以。

●

韩国的很多家庭问题都始于婆婆想离间儿子与儿媳、
妻子想离间丈夫与婆婆、丈夫想离间妻子与娘家、
小姑想离间哥哥与嫂子而做的无谓努力。

即使是再亲近的家人和亲戚，
也存在可以说的话和不可以说的话。
尤其是过节的时候，
对许久不见的侄子和侄女们千万不要说
“怎么还不结婚？”“怎么还没有孩子？”
“怎么还没找到工作？”“怎么还没瘦？”
“怎么不干了？”这样的话。

即便是同根生，枝杈也会有满载果实、茂盛健康的，
以及果实稀少、瘦小干枯的区别。
不管怎么说，健壮的枝杈是更多地吸收了原本应流入弱小枝杈的营养才得以健壮。

同理，兄弟之中也存在头脑聪明、事业成功的，
以及因为家庭困难而觊觎其他手足金钱的。
如果你认为这是自己被抢了，那么就会睡不着觉。
但如果换一种想法——
我们能够健康茁壮地成长与其他贫弱兄弟的牺牲和让步密不可分，
这样也许会让自己心里的委屈得到少许释放。

——高美淑

我们更容易冲亲近的人发火。
小时候如果双方都发火，就只能靠打架解决。
发火的人有可能是出于希望让对方了解自己的痛苦，
想让对方有所共鸣才发火。
随着情况的好转，发火的人也会感到抱歉。

当感到暴躁的时候请想想自己的亲人。
忍住暴躁的情绪，可以让爱自己的人感到舒服。

在乘坐火车或飞机的时候，
听到小孩儿哭闹会不自觉地心烦，
还会在心里责怪孩子的父母。
此时，请将哭闹的孩子想象成是自己的侄子侄女或孙子孙女。
认为孩子和自己没有关系，
就会将精力集中到自己所受的影响上。
可如果将其想象成自己的亲人，
就会产生一种那个孩子是不是哪里不舒服，
或者是哪里难受的怜悯之心。

•

无条件地倾听。

能够静静聆听对方的建议和忠告，

并对此不发表任何意见，

会让对方感到我们能与他产生共鸣，

从不躲避与对方共同承担某些流言蜚语，

这些就是可以治疗孩子、妻子、丈夫、朋友的方法。

•

在脑袋枕上枕头进入梦乡之前，

请回想这一整天出现的三位曾经感谢过的人或令自己感恩的事。

坚持三个月你会发现，

生活的幸福感和满足感会明显提升。

拥有幸福之心是需要练习的。

无论是什么，只要给予全心全意的关注并仔细地观察，
就能发现它的美丽。
就像我们时常关注的孩子的模样，
仿佛是世界上最美丽的。
只要给予足够的关心，
那么无论对方是什么样子，
我们也会觉得他很美。

即使是被丢弃在路边的小猫，
如果被你捡回家，用不了多久，
这只小猫也会成为这个世界上最让你上心的小猫。

爱，是没有任何理由的。

# 6. 治疗篇

与怜悯的眼神相遇

希望我现在的痛苦，
能够成为唤醒自己内心深处怜悯之心的机会。

希望通过所承受的痛苦，
我可以拓宽拥抱他人痛苦的雅量。

就像希望自己的痛苦能够早日被治疗一样，
愿所有人的痛苦都能够早日消散。

袅袅婷婷，布面油画，72厘米×39厘米，2011年

# 当遇到难以原谅的人

生活中，我们总是会遇到难以原谅的人。虽然我们都知道宽容要比将愤怒和厌恶埋在心底好得多，但这也只是说说而已，实际上要做到宽容并非易事。怎么可能那么轻易就原谅了诽谤、侮辱自己的人呢？每当看到即便满口谎言也会装作没事的那种人，每当想起利用自己的权威恶意无视、践踏我们，说我们是无能之辈的人时，我们经常会感到自己满身疮痍，因为这些对我们造成的伤害太过严重。

此时是不能轻易就原谅给我们造成伤害的人的。当然，也许我们根本不会产生想要原谅对方的心思，但治疗受伤心灵的第一步应该是承认并接受涌现出来的愤怒情感。受伤很深的时候，对给我们造成伤害的人表现出愤怒和厌恶是一种充满智慧的情感，这种情感能够让受伤害的自己与对方划出明确的警戒线来保护自己。因为愤怒是一种保护墙似的存在，可以在某种程度上起到让伤口愈合的作用。如果总是在旁边规劝生气者赶快放下愤怒，有可能会让对方更加生气。

但是，如果这种伤害已经过去了很长时间，可自己还总在原地打转，并持续陷入认为自己是受害者的怪圈，这也会成为一个不大不小的问题。因为越是回忆过去的伤痛，就越会对过去像傻瓜一样无能的自己感到厌烦，而且自己的心也总会与过去的愤怒进行不断的抗争。此时，就算是头脑决定了宽恕和放下，我们的内心仍很难释怀。由于没有地方可以让自己学到具体该如何做才能宽恕别人，因此如果身心不统一，自己只会更加痛苦。

上周末的晚上我见到了一位许久未见的、小时候非常亲近的同学。虽然一开始的时候我还因担心他会和我聊一些他很晚才知道我成为僧人以及相互生活的话题而感到尴尬，可实际上他一直和我聊的都是小时候的事情。他也和我一样，小时候过得比较苦，可他却比任何人都努力。不仅仅在学习上，体育、音乐他也样样精通，而且在班级里有很强的领导能力，是位非常好的朋友。长大之后，他毕业于知名大学，然后进入大企业工作，不断充实自己，现在已经开始经营属于自己的事业了。他是一个值得周围人认可的成功案例。

晚饭结束的时候，他像已经等了好久似的，非常生疏地对我说：“慧敏师父，请你拯救一下我吧。最近我总是很忧郁，而且什么事都不想做，就是觉得很累。”一直都很努力生活并已取得成功的他耷拉着肩膀，脸上呈现出了儿时的模样。由于我了解他的家庭情况，因此非常小心地问他：“从小到大你就一直拼命学习，拼命工作，可你为什么要这么生活呢？”刚开始他说这是他作为一家之主的义务，之后又将话题转回到了小时候。

“其实，我家的情况很困难。如果我不努力的话，我的妈妈就会一直辛苦下去，所以我才这样。”我继续问：“可这就是全部吗？只是单纯地想让妈妈过得好一些吗？”这时，朋友的脸色一变，一脸的不知所措。“其实是因为我非常讨厌总是欺负我妈、说我家困难、说我学无所成的大姑。所以我总是想超过她家的孩子，让他们看到我学习比他们好，比他们更成功。”

“原来如此。原来是因为你的大姑总是欺负你的母亲才给你造成了巨大的伤害啊。如果是我，我也可能会非常憎恨这样的大姑。好了，现在你就按照我说的做吧。先想象一下，现在你的母亲和给幼小的你造成伤害的大姑都在你的身边。然后你让自己回到小时候，尝试说一下最想对大姑说的话。不要用成人的语言，就用十岁小孩子能够说出来的话表达。先放下道德的准绳，把自己内心深处最想说的话直接说出来。”

能够将头脑中打算宽恕的决心引领到心灵重要通道的不是别的，正是愤怒和憎恨的情感。刻意地否定想起那个人所引发的愤怒和憎恨，或者不知不觉陷入愤怒情感的框架中是不对的，我们需要认可这种情感的存在。为此，正视被自己克制住的愤怒和憎恨情感是我们需要经历的第一个过程。当这种被我们长时间克制的情感涌上心头的时候，不要和它们做抵抗，而是要将这些愤怒和憎恨的能量看成是一场舞台演出，然后用温暖、怜悯的眼神关注它们是以何种形态出现的。就像母亲关注自己孩子的心理状态一样来观察自己的情感。这样就会发生神奇的事情。如果能用温暖的眼光来看自己内心的愤怒和憎恨，就会像将洋葱一层一层剥开一样，让藏在内心深处的真实情感渐渐展现出来。

对于我来说，隐藏在愤怒下的是伤心与悲痛，进一步仔细观察会发现，再往下是随断绝关系而来的孤寂与恐惧，这才是更深层次的原因。像这样先用怜悯的眼神来观察自己内心深处的情感，我们会神奇地发现自己坚硬的内心将开始渐渐融化，并重新敞开。

之后，再用这种怜悯的眼神观察一下给自己造成伤害的人，探究一下对方究竟是因为何种痛苦才会对自己做出那样的行径。但是，这样做并不是为了试图将他们对我们所犯下的错误清除，也不是为了给他们发免死金牌。宽恕的目的是自我解除受过去伤害所困而束缚在身上的脚镣。也就是说，宽恕不是为了对方，而是为了让自己的内心伤痛和疙瘩彻底消除，让内心重获自由。为了获取这种自由，理解那些给我们造成伤害的人起到了决定性的作用。

当内心得以打开，当为了理解给我们造成伤害的人而用观察的目光进行审视的时候，你会惊奇地发现我们能够感受到之前感受不到的东西。比如说，我们能感受到那些给我们造成伤害的人其实从小也是满身疮痍，其无视、显摆的模样下面也许隐藏着一个从小就因为外貌、学历、家庭情况等备受歧视和伤害的灵魂。有时候我们会发现，原来他们也和自己一样，因为生活的孤寂，或者是年龄的增长而感到伤感和不安啊。

了解到这些深层次的事实，我们的内心也会在不知不觉中变得平静而舒适。如果用这种状态来观察世上所有感到孤寂不安的人，就会感觉到其实他们的痛苦与我们的没什么不同，我们内心的悲痛也会转换为面向包括自己在内的所有人的怜悯之心。

朋友在听了我让他将内心的声音说出来这个建议之后沉默了一阵子，然后就开始仰面大声地哭诉被自己压抑的愤怒。然后，像个小孩子一般将头放在我的肩膀上痛哭。他该是有多伤心，他该是有多艰难，我也和他一起流下了眼泪。哭过一会儿之后，他的情绪似乎有所缓和。他对我说："是啊。原来我这么拼命地生活是因为想向大姑报复，同时还想得到认可啊。可能是因为去年大姑突然离世之后我失去了目标，才致使我现在内心空虚吧。"

几天后，朋友给我发来了一封邮件。邮件中不仅表达了对我的感谢，还告诉我他现在内心已经变得很平静了。此外还说：

"现在我似乎终于可以原谅并忘记我的大姑了。回家之后我按照慧敏师父的话做，仔细想了一下我的大姑究竟有什么痛苦才要那般对待我的母亲和我，最后发现她的生活似乎也是不幸的。我的大姑父虽然是成功人士，但听说有过几次外遇，而且大姑在婆家的日子也非常不好过。倘若大姑此前过得也很幸福的话，也许就不会那样对我的母亲了。现在，我也与把我弄得非常痛苦的过去握手言和了，现在开始，我也能够活出自我了。”

在我们的内心里，并不是只有愤怒、憎恨、伤心、悲痛、孤寂和恐惧，其实还有能够观测内心真实情感的、怜悯的心灵之眼。当遇到我们无法原谅之人时，当觉得就是因此而感到生活非常艰难时，衷心地希望大家能够与自己内心深处怜悯的眼神相遇。

神的庭院，布面油画，80.3厘米×116.8厘米，2013年

即使是无比粗鲁凶恶的人，
其暴力的品性下面也隐藏着恐惧。
这种恐惧下面蕴含着他幼年所受到的伤害和软弱。
看人不要只看表面，请连他的软弱与伤痛也一并了解。
这样才能实现怜悯、理解和宽恕。

真的已经理解他了，
等同于已经原谅他了。

——一行禅师[1]

无论那个人再怎么值得我们去憎恶，如果我们憎恶了，
那么这种憎恶之心会先让自己变得不幸。
憎恶越深，越发会感到自己像被牢牢地困在了地狱之中。
请转换一下思维方式吧。
不为任何人，仅是为自己……

1　一行禅师是现代著名佛教禅宗僧侣，国籍越南，曾被提名诺贝尔和平奖候选人，为世界和平运动提供了无私奉献。

“师父，无论我怎么说对不起，他都不原谅我。
难道需要我跪在他面前求他吗？”

就像他所说的，几句对不起是没法让对方转变心意的。
对方是因为我们才经受了长时间的痛苦，
所以一两次的道歉不能让对方忘记这一切。
因此，如果觉得不好意思的话，
就应该反复不断地真诚致歉。
简单的一句对不起会让对方觉得你把对他造成的伤害看得太轻。

有人把我看成是品性恶劣的人——
仔细观察会发现，他并不仅仅是这样看我，
他对与我处境相似的人都是如此看待。
即，这是他天生的恶习。
因此，对于这类人的言行，
我们无须深思，也无须悲伤。

•

当别人对我们说出伤人的话时，
一定要分清他们究竟是因为我们自身的错误，
还是因为他在别人那里受到了压力，
又或是因为他过去的伤痛才出口伤人。
无须将对方从别处受到的压力和伤痛转换成自己的错误。

•

请仔细思考一下，
我们现在感到巨大压力和劳累的原因，
是否是内心深处存在着很多他人的话语和想法。
请像绝食一样将自己的电话和网络关闭几天，
侧耳倾听自己内心深处的声音。
让内心恢复到正常状态。

•

如果书桌、地板到处是杂物，
你就会被称为一个邋遢鬼。
当然，工作的效率也不会提高。
因此，出门回来之后即使再厌烦，
也请将穿过的衣服挂入衣柜中。

●

朋友说，回到韩国以后，为了精神健康，
曾经像戒烟一样断绝了所有新闻。
也因此，心情真的变得平静下来。
也许我们自己都没意识到，我们应该像对待速食食品一样，
对待刺激性的新闻和报道，消费之后就直接扔掉。

●

偶尔静心独处时感受到的心灵的平静就像治疗心灵的灵药一般。
独处的时候，可以重新找到自己的重心，
而且还能够遇见自己内心的心性。
请为自己开出平静心灵之药。

●

生活中的痛苦是治疗的对象，而不是克服的对象。
越是想否定它、忘记它，越是会回想起来。
不要试图否定和反抗，请宽容地看待这些伤痛。
这样，你会感觉到痛苦背后站着一位靠山般的人。

•

希望别人的苦痛得以治疗的善良之心，
亦可以治疗自己心灵的苦痛。
请发自内心地向亲人、前后辈、过去的学生、
路上遇见的行人，表达“一切顺利”的祝福。
菩萨之所以为菩萨，并不是因为他们的善行，
而是因为他们一直拥有的怜悯之心。

•

我们的人生绝对不会因为今天的心情不怎么样而变得单调沉闷。
消除这种负能量，好好睡一觉，然后一切都会好起来……

•

当心灵的伤痛遇到美丽与幽默，就能被治愈。
当徜徉在美丽的大自然中让思维暂时休息时，
当看到优美的艺术作品而敞开一直被关闭的想象之门时，
当遇到幽默之人而使内心变得敞亮且舒适时，
心灵就会通过这些美丽和幽默重新恢复原本的状态。

最近听到了一则自嘲的笑话。
“你知道如果是僧人办理入院的话，
这个僧人所在的病房会被人们称作什么吗？”
“这个嘛，还真不太清楚。”
“重症监护室。”

有很多朋友十秒钟就明白了这个笑话。嘿嘿嘿。[1]

如果要点燃柴火，就要使柴火和柴火之间留有一定空隙。
如果柴火之间没有空隙，而是紧紧地摞在一起，
那么空气就无法进入，柴火亦无法被点燃。

我们的人生也是如此，如果没有休息的空间，没有空闲的时间，
那么无论是多么珍贵的东西，我们也不可能享受到。
真正宝贵的生活，并不在于让人感到自身宝贵，
而是能够创造出一些闲暇的休息空间。

---

1 韩语中表示“僧人”的单词与“重”对应的字是同一个，因此“중환자실”直译过来为“僧人病患室”，而这个单词有固定对应的汉语意思，即“重症监护室”。——译者注

•

需要出去的时候，请提前十分钟出门。

预留出提前量可以让我们享受到走路的乐趣。

同理，吃饭的时候请再慢慢地多吃五分钟。

这样可以品尝到真正的美味，同时也不会对胃肠造成负担。

这样的五分钟、十分钟富余时间可以极大地提高我们的生活质量。

•

如果家里储存着多个相似的器具，

那么请留下最好的那个，其余的都处理掉吧。

家里有很多东西的时候，并不是自己拥有了这些东西，

而是这些东西拥有了自己。

整理出来的空间是让我们内心安宁的顶级奢侈品。

•

请每天处理掉两三件自己长期不使用的物品。

过期的食物、药品、化妆品、连续五年都没有穿过的衣服、

再也不会看的书、坏掉的家具、免费得来却只是占据空间的东西……

有失才有得。

首先，整理出来的空间可以让我们感到平静，

其次，每当看到留下来的这些宝贵的东西，就会很开心。

## 师父，
## 我的内心忧郁而寂寞

虽然在频率上会有所差异，但我们每个人在生活中都会经历忧郁。虽然我们都希望自己的一生只充满欢乐，然而，由于我们的人生包含着生老病死这一组合，每当感到悲伤和吃力的时候，自然就会产生忧郁的感觉。

近观自己的生活，如果能够忘却忧郁，那么这些忧郁就像是来自己家做客的客人一般。当我们努力付出却没有得到好的结果时，当人际交往中总是接连不断出现无法控制的误会或冲突时，当得知别人都在说与事实不符的关于自己的传言时，这种忧郁之情便会悄然出现。此外，当遭遇信赖之人的背叛，或者是感到无论如何也无法从现在的窘境中逃脱出来的时候，忧郁这位客人也会毫不留情地敲响我们的心门。

建议那些长期处于忧郁状态，而不是偶尔会有这种感觉的朋友们，如果预备去看心理医生，一定要先找医院的专家。尤其是那些有自杀倾向，或者是几乎无法入睡的朋友，到医院找专家进行咨询是非常明智的选择。但是，即便有时候对自己来说并没有出现非常严重的情况，可还是会感到一丝郁闷时该如何处理呢？有很多朋友会从佛教心理学的角度问这个问题。这些人往往是想得到一些安慰的人。

首先，当我们产生忧郁之情的时候，如果能够仔细观察一下自己的内心，就会发现非常明显的特征。最先诱发出这些忧郁情绪，并让其持续出现的能量不是别的，正是“我们反复地思考”——我们的想法会左右我们的情绪和感情。积极的想法会带来积极的情绪，而消极的想法则会带来消极的情绪。并且，只要不将那些由忧郁的想法制造出来的燃料不断地投放到自己的心灵火炉中，忧郁情绪过不了多久就会和这些想法一起消失。如果想要理解忧郁情绪，那么就需要先理解引发这种情绪的罪魁祸首——“想法”。

所谓想法，是内心对我们身体内外所发生的所有状况做出的一种解读。我们每个人每天都会产生足足一万七千次的想法。纵观这些想法，其中大部分都是各人根据过去的记忆而习惯性产生的一些相似的想法，就像多米诺骨牌。然而问题是，我们并没能看出这些相似的想法，而是完全受这些想法的制约，最终影响了自己的内心。即，虽然这些都是出自自己内心的想法，但我们却将主体和客体完全颠倒。不是让内心决定想法，而是让这些想法像钟一样不断敲打自己的内心。而且，我们往往是在无意识的情况下进行思考的，因此这些想法究竟是事实，还仅单纯是自己的见解，我们无法分清。结果我们就将这些想法直接认定为现实，可实际上也有可能不是。

好了，现在我们已经知道了“想法”的属性，那么今后我们似乎这样做会比较好：

首先，如果感到忧郁，希望大家能将这些忧郁看成是心灵天空中的一朵云彩，它并不能代表我们整个人生。很多精神方面的问题都是因为将想法和自我同等看待才产生的。但是，所谓的想法只是在原本不断变化的情况下暂时出现，且很快就会消失的东西而已。就算是出现了忧郁的想法，或者是浮现了痛苦的记忆，若我们能轻描淡写地说一句“嗨，这只是一片忧郁的云彩”，而不将其看得过于严重的话，这种忧郁的想法就不会继续存在，它的燃料会很快耗尽。如果在我们将这些没来由的想法和自我同等看待的同时将其扩大化，我们就会陷入忧郁的沼泽之中。

其次，如果大家感到忧郁是因为不熟悉自己的人对自己评头论足导致的，那么希望大家只记住一点即可——那些人所说的关于我们的话语，再进一步想想其实都是在拿我们做幌子，拐弯抹角地说他们自己的心理状态。比如，我偶尔会上SNS（社交媒体），有些人会说：一个年轻的假和尚就不能老实点儿，总出来找什么存在感呢。一开始听到这些言论的时候，我也会很委屈，从而感到忧郁，但仔细观察一下这类人平时的表达习惯就会发现，无论是对有名的作家还是政界人士，抑或是对体育明星、艺人，他们都会口无遮拦地进行抨击。这正说明，遇到这种情况并不是我的问题，而是对方的问题。我们似乎不需要将别人不正常的心理状态也归咎为自己的问题。当然，也希望这类人在得到幸福之后能够说出幸福的话语。

最后，请大家记住，大部分的想法都是通过极为有限的个人经验而获得的个人见解。这些个人见解并不是固定不变的事实，它也会随着情况的变化而发生改变。因此，过去的想法并不能代表现在也一定要那样想。比如说，当我们内心冒出一些过去的想法，而这些想法是对自己的一种批判，且会削弱自尊时，请不要过度担忧，请以现在为主，如果能使“气流”通畅那就更好了。因为我们需要时刻保持呼吸，因此如果我们能够感受到气流进出的畅快感，那么我们的内心就会变得平静，身体和心情也会变得更好。而且，在感受气流的同时我们的思想是停滞的，因为我们无法思考现在这个瞬间。这种感觉来了，想法就没有了。请大家暂时放下书本，深呼吸三分钟来检验一下是否真的是这样。气流通畅了，忧郁的心情也会随之减轻。

请大家试着呼吸一次。

深深地吸气，然后呼气……

当你能够感觉到气流的时候，治疗也就开始了。

午睡，布面油画，53厘米×40.9厘米，2011年

每个人都会在生活中产生忧郁的感觉。
但是，如果在这种很快就会消失的感觉中再添上由于回想过去令人忧郁的事情而产生的想法，
那么这种忧郁的感觉就无法消失，还会因为这些想法而延续下去。
请不要陷入过去的想法中，要看透这些想法，并从中超脱出来。

云彩战胜悲伤的方式就是在能哭的时候哭个够。
如果不能再哭了，
云彩就会因为流掉了大量的眼泪变得很轻盈，
而所有的悲伤都会传递给自己心灵的天空。
因此，悲伤的时候也可以像云彩那样尽情地哭泣。

当你因为悲伤的事情发生而感到痛苦的时候，
请不要否定这种悲伤，而是要走入其中，尽情地悲伤。
允许自己悲伤，哭过之后就会看到悲伤的尽头。

在我头脑中出现的想法并不都是事实。
尤其是在自身状况并不是很好的时候出现的想法，一定不能相信。
这就如同：

身体不舒服，就会觉得会一直不舒服下去；
身为考生，就会觉得自己将一直在黑暗的隧道中前行；
因为所谓常识的经验，就觉得永远都会如此劳累。
而实际上，这些绝对不是永久的。

•

当你因为内心充满苦恼而感到忧郁和劳累的时候，
请抬起头仔细观察一下前方的事物。
在看到这些事物的瞬间，思维会暂时停滞，
从而产生原来内心的苦恼只不过是“纠结而已”的醒悟。
不要给想法太多的能量，
我们只需要将这些想法认定为“这些只是想法而已”。

•

当内心涌出类似于孤寂、悲伤、恐惧等情感的时候，
我们所能做的最勇敢的事情就是暂时正视这些情感。
打开电视机，或者给朋友打个电话，
不要逃避这些情感，要平静地观察它们。
细看之下，那些被我们关注的负面情感会发生变化，
也许我们的沉着最终将战胜这些负面情感。

•

我们过度干涉别人的事情，

有可能是因为我们害怕面对自己内心所存在的空虚和寂寞。

•

如果详细了解我们所羡慕的人，也许会发现他们正生活在“地狱”里。

看起来拥有一切的人，也许就是“一处地狱”。

我们所看到的并不一定就是全部。

•

查找抑郁症最初的原因会惊奇地发现，

很多人患上抑郁症并不是因为悲伤，而是因为愤怒。

当我们内心感到愤怒却无法将这种愤怒向对方表达，

并只能埋藏在心底的时候，

这种被压抑的愤怒最终就会伤害到我们。

•

我们无法处理好自己的情感，

就有可能在某一瞬间显得软弱无力，

如果这种状态持续下去，就有可能引发抑郁。

如果你正深受抑郁症之苦，那么可以思考一下，

之所以这样是否是因为没能将自己的愤怒全然释放。

如果只想着自己的问题，那么这些问题看似就会非常严重，
过于关注这些，就会总是想起这些，抑郁症也会自然地浮现。
反之，如果能用一颗怜悯之心去关注别人的苦痛，
那么就会油然而生一种“比起其他人的苦痛，我的问题根本
就不是什么大问题”的觉悟。

•

能够克服生活中出现的那些空虚、烦躁和忧郁的良药之一，
就是施予别人的小小的亲切感。
请拿出“就算再忙，今天也要亲切地对待他人”这种态度。
一些出于善意的小行为，
可以成为引发改变的关键。

•

与其从金钱或事业上取得的成果中寻找幸福，
倒不如从与挚友的相处中寻找幸福。
否则，即使金钱或事业达到了既定的目标，
你也会马上再重新设立目标。
因此，你就遇上了“仿佛摸到了幸福，却又像没摸到幸福”的海市蜃楼。
相反，与挚友之间亲密的相处会在当下让我们感觉到幸福，而不是在将来。
多结交一些能够共同享受生活给我们带来的所有幸福和悲伤的朋

友，才是通往幸福的捷径。

●

请痛下决心让自己幸福吧。
只有自己决定“我应该幸福”的时候，幸福才会出现。
因为，虽然获得幸福有时就像中彩票，
但也有可能取决于我们看待世界的观点。
现在，请痛下决心让自己幸福吧！

●

如果不知为何而感到生活如此荒诞且非常空虚的时候，
请在如下选项中选择一项去尝试吧。
1. 学一种新技能。
乐器、工艺、运动、外语、人文学等，什么都可以。
2. 每周尝试三个小时的志愿服务。
因为志愿服务会让我们感觉到“原来我还是很有用的嘛”。
3. 叫上久未见面的朋友们小聚一下。
如果能够感受到与他人之间的联系，我们的内心会备感幸福，
从而也会减轻忧郁感。
4. 明白世事无常这个真理。
世上万物都会随着时间的流逝而发生变化，甚至消失。
世上原本就不存在会按照我们自己的意志而发展的事物。

现在，请试想一下自己所期望的一切都实现了：
孩子们考上了好大学，找到了好工作，有了好姻缘，
患病的亲人身体痊愈了，家也搬到了更好的地方，
存折里亦有了闲钱……
感觉怎么样？

心情舒畅了不少，而且也不那么担忧了吧？
然而，再过一段时间又会怎样呢？
我们的内心又会因为其他事情而感到不满，
又会想说需要改变吧？

即便是周围的环境会按照我们的想法而变化，
但是如果我们不能改变内心的坏习惯，
那么无论我们处于多么优越的环境中，
最终还是会出现问题，徒增烦恼。

即使出生于天界，
还是会有人认为过度的完美也是一个问题。

世上所有的人都希望自己能够成为有钱人，希望自己能够出名，
希望自己能够得到所期望的一切，然而真到那时才会明白，
那些并不是自己真正要寻求的答案。

——电影演员 金·凯瑞

去了趟小区里新开业的一家漂亮的咖啡馆。
本来想选一块看起来非常好吃的绿茶可丽饼，
可听说一块需要七千韩元的时候，我果断地选择了只喝茶。
可是一整天，我的眼前总是会闪现那块可丽饼。

在持续了整整两天之后，我又来到了那家咖啡馆，
终于买了一块一直想吃的可丽饼。
原本以为会很好吃，可实际上它并没有想象中的好吃。
可能获得诺贝尔奖或者是当上总统的时候也会是这样的心情吧。

•

生活中也会出现控制不好自己情绪的时候。
此时，我们需要安静独处的时间。
自己散散步，看场喜欢的电影，冥想或者祈祷都可以。
给被自己压抑的情感一个得以释放的空间。

•

在一行禅师所在的寺庙，每周都有被称为Lazy Day（懒洋洋的日子）的一天。
那天，大家相互之间的问候都是“今天你有多懒”。
有时候，我们需要将湛蓝的天空或凉爽的微风看成是好朋友，
为一直努力生活的自己放一天假，尽情享受慵懒。

•

在结束了一天繁忙的工作回到家里之后，
我们有时候会什么都不想做，
只想躺在地板上静静地待一会儿，或是看会儿电视。
这就是让自己一直努力运转的大脑休息的时间，
即使只是发呆。

当这个世界抓着你的肩膀将你推倒的时候，
请站起来继续前行。
就算是因为伤心而流下眼泪，
就算是羞愧到死，
也请继续前行。

走着走着，一切都会好起来的。
走着走着，一切都会忘记的。
即使是在苦痛中，我也会为想要不断成长的你加油！

苦痛是打开新世界的一扇门。

——金寿焕枢机卿[1]

1 金寿焕是韩国天主教枢机主教，辅佐教会重要事务的进行。

拥抱月亮的大树，布面油画，33 厘米×53 厘米，2015 年

将自己所知付诸行动并收获成果往往是需要时间的。
因此，读过书之后，或者是别人教导自己之后就能够自愈或马上变得幸福是不可能的。

只有将自己所知付诸行动，让其融入自己的生活，才会引发变化。
这需要不懈的努力和坚定的意志。
因此，之所以将大彻大悟的文殊菩萨与理德、行德兼备的普贤菩萨相对应，道理就在其中。

# 7. 本性篇

## 静谧中醒悟的心

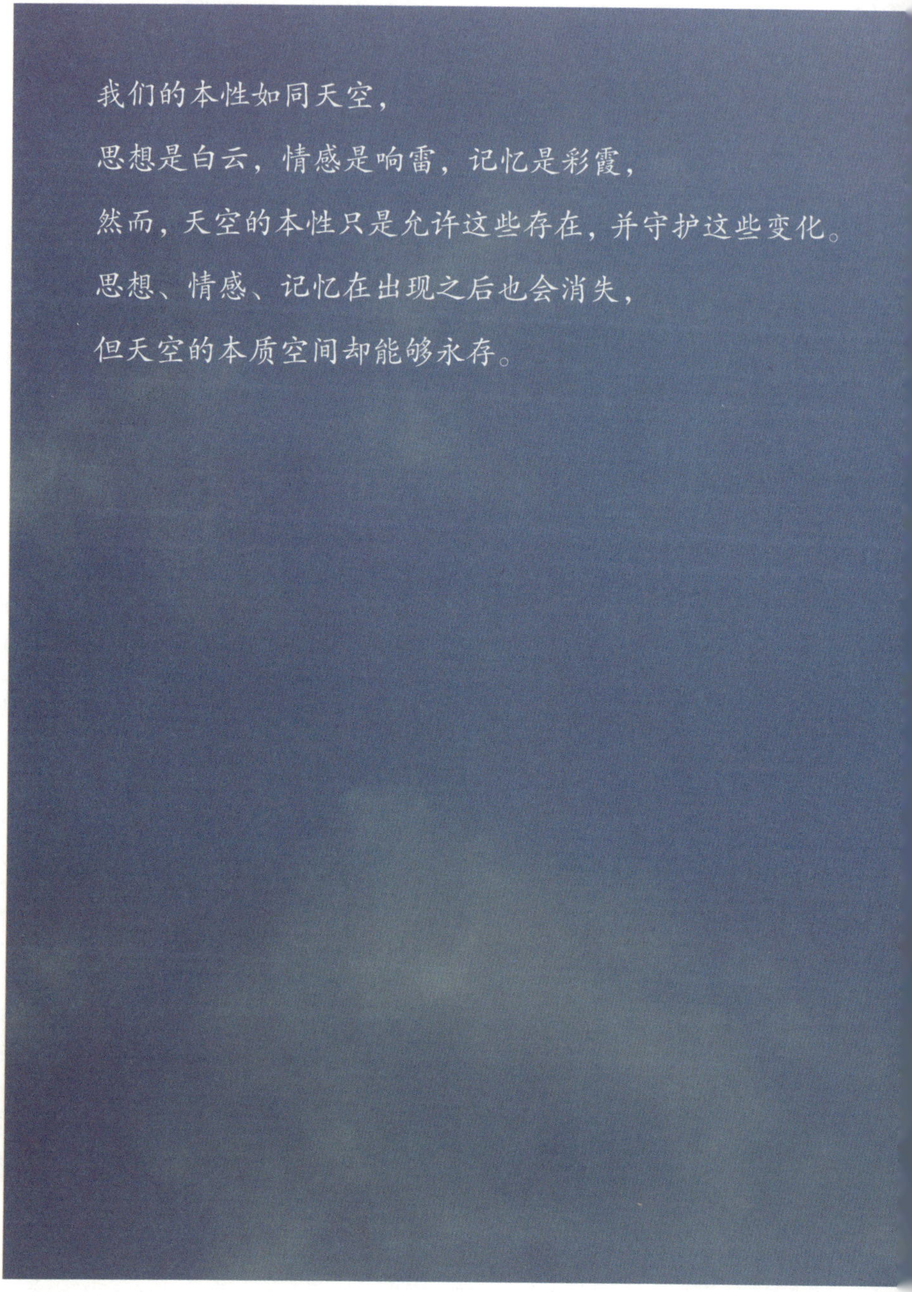

我们的本性如同天空，

思想是白云，情感是响雷，记忆是彩霞，

然而，天空的本性只是允许这些存在，并守护这些变化。

思想、情感、记忆在出现之后也会消失，

但天空的本质空间却能够永存。

生活的态度，布面油画，50厘米×100厘米，2015年

# 醒悟的现在是心之故乡

在下了两天的秋雨之后，天空终于露出了蓝色的素颜。伸展着黄色或红色枝丫的树木以蓝天为舞台，伴随着秋风兴高采烈地舞蹈着。对我来说，每年的初秋都是回归心灵本性的修行时间。一般情况下我都是在韩国的修行寺庙进行秋季安居修行，而今年却来到了位于法国南部乡村的一行禅师的禅修道场——梅村(plum village)，这是之前说好的。2013 年，一行禅师与其弟子们一起访问韩国，当时因为翻译经文而与大师结下了缘分。一直都很想知道一行禅师那充满智慧的教诲是如何通过禅修道场来实践的，这回终于有了机会。

一行禅师在越南战争时期参与了反战运动，并领导了佛教运动。在目睹了大师所做的这些努力后，马丁·路德·金牧师非常感动，并推荐他为诺贝尔和平奖候选人。战争结束之后，越南政府拒绝他返回越南，因此他流亡法国，并在法国南部建立了禅修道场，与来寻求帮助的人一起进行终生修行。最初那只是一个小道场，但伴随时间的推移，僧侣的人数逐渐增多，而修行者的数量也在逐渐增加，最终形成了现在的梅村。随着步入九十岁高龄，去年大师的身体开始变得非常不好，已经到了无法讲经的程度。然而，这并不影响全世界六十五个国家的修行者前往。

究竟是怎样特别的修行才吸引着全世界的修行者不惜跨越国境来此呢？刚到梅村的时候，最令我惊诧的是这里的修行者走路都非常慢，这与每天都在为到达某个目的地而急速行走的现代人的步伐形成了鲜明对比。这似乎是为了向人们传递他们在享受走路的过程才有意为之的。我原以为他们只是走路慢，没想到他们连吃饭也很慢，只在安静的用餐环境中一口一口地充分享受吃饭的过程。但即使是山珍海味，在吃饭的过程中如果心去了别处，那就无法品尝出其味道。而与之相反，喝茶的时候即使是抿一小口，如果心灵敞开了，也能品出茶的滋味，让人有新的感觉。

一行禅师教会我们最重要的一点就是让我们能够敞开心扉，做到心灵的觉悟，就如同我们通过走路和吃饭这两件事情所看到的那样。即，无论我们在做什么，不要总沉浸在过去的记忆中，也不要一味地为未来担忧，而是要珍惜现在。因为现在这个时间点正是修行者一直在寻找的心灵的故乡，同时也是心灵的皈依处。已经完全适应现在的心灵不会有任何多余的思绪，只会感到安宁。因为这样的我们不会陷入任何沉思，而是能够真切地看到前人的面孔，能够尽情地享受现在的时光，因此心灵上也会无比平和。

但是，如何能让一直陷入对过去或将来的思绪而错过了现在的心有所觉悟呢？这就要回归到我们现在进行着的呼吸中来。呼吸是连接我们身体和心灵的桥梁。呼吸顺畅了，心情自然就舒畅；呼吸不顺畅，那么心情自然也会跟着躁动。相反，心情急切时，呼吸也会跟着急促；心情平静时，呼吸也会跟着平稳。而且最重要的一点是，呼吸是我们现在正在进行着的行为，只要呼吸不中断，那么我们就不会错过现在。如果能够一直保持呼吸顺畅，那么呼吸在变得平稳的同时心情也会跟着变平静，而且你还能够感受到沉默中的平和。

如果心能够通过呼吸而处于平静的状态，那么也许在某一瞬间智慧之门就会重新敞开。通常情况下，我们会将内心产生的想法等同于“我”的想法，然而在了解了存在于想法之间的平和、安静的空间之后会发现，想法是想来就来，想走就走的。即，它不会被我们的意识所限制，因此我们也不必留恋产生的每一个想法。这样，我们的内心反而能更加深刻地感受到平和安静的空间，而且还会产生一种“任何一种伟大的想法都无法与平和安静相比较！”的感觉。

与此同时我们还会明白一点，我们内心所感受到的这种平和与安静并不仅仅存在于自己的身体内部，身体外部也充斥着它。因为这些充斥于包括我们身体在内的整个宇宙的安静始于何地，又结束于何处，是无法找出界限的。即，身体内外的区别、我们自身和世界的差别会在安静中消失，只有唯一不变的心来充实着整个宇宙。

随着晚霞布满天际，一个越南僧人的晚钟声响彻寺庙，同时响起的还有来佛堂修晚课的僧侣的脚步声。整个宇宙因为感恩而化成一朵美丽的花。

●

你想尝试新的经历吗?

那么可以这样做:

吃饭的时候，先将食物放入嘴里，然后闭上眼睛。

我们的五感往往格外依赖视觉。

如果能够闭上眼睛慢慢地品尝，

那么就会发现有另一个世界在等着我们。

●

暂时停止头脑中复杂的思考。

让现在的心灵得以休息的方法有:

1. 笑看美丽的风景。

2. 闭上眼睛，深呼吸十次。

3. 闭上眼睛，集中精力听优美的音乐。

4. 做二十分钟能够让心脏快速跳动的运动。

5. 细细体会现在身体内部有关肩膀和腰部的感觉。

●

如果被思维所迷惑，

那就不会看到我们眼前的人和风景。

反之，如果我们能够细细观察眼前的事物，

就会将被思维所困惑的心解脱出来。

不要试图去消除想法，而是要关注眼前。

让内心回归到没有任何妄想的现实中来。

●

呼吸平稳，心情也会平和。

呼吸是能够把陷入过去或将来的想法中的心灵引领到现在

这个时间点上的神奇的时间机器。

●

棒球选手即使是打出了全垒打，

也需要经过一垒、二垒、三垒之后再重新回到最开始的地方。

人生和修行也是一样，

最初为了追求某些特别而伟大的目标而离家，

但在经历了无数的失败后就会体会到最初位置的宝贵，

而后再次回归。

我们一直在寻找的东西往往一直在自己手中。

当内心通过呼吸回归，
在安静、无杂念的状态下悔悟时我们会猛然明白：
现在内心的完整与平和比世上任何事物都更为宝贵。

一大早起床会发现房间里很黑，而且整个世界都是寂静的。
请尽情去感受并享受这种静谧吧。听一听安静的声音。
如果能够安静地倾听它的声音，就会感受到充盈四周的静谧。
越是静谧，就越能感受到存在其中的舒适感。
即使我们没想过要成为什么伟大的人物，
即使我们没有努力，没有奋斗，
我们的身体内外已经被这种舒适感所包围。
请在这样的心态中让自己的内心得以休憩。

在至极的心灵静谧中并不是什么都不存在，
它其中还隐含着至极的欢乐与安宁。
如果能够在其中醒悟，那么即使死了，
也能够遇见没有死去的真正的自己[1]。

1　佛教一般认为死亡不是一个人的终点。这里意在说明心灵的修行会给人以安宁，这种安宁将超越死亡的限制而延续。——编者注

•

真理，不是找到的，

是当内心趋于平静时显现出来的。

•

沉默是金，雄辩是银。

——托马斯·卡莱尔[1]

•

我们的内心虽然会产生并消失很多想法与情感，

但这些的背后存在着一个默默关注着我们的关注者。

这个关注者在默默关注的时候只是为了了解一切，

并不会去沾染任何的想法和情感。

而这个关注者就是我们自己的本性。

---

1 托马斯·卡莱尔是苏格兰评论家、作家、史学家。——编者注

●

心灵的本性如同镜子，
从没被弄脏过，也从不会变脏。
虽然心灵的镜子也会暂时映射出嫉妒、憎恶、贪欲等。
但即使是出现了这些，镜子本身也不会被玷污。
请不要将这些暂时投射到镜子上的影像误认为是自己的本性。

●

晴空万里的时候，我们才能知道天有多高，
我们的内心也是如此，只有在没有杂念的时候，
才能显现出苍穹般的本性。

●

请不要在源于内心的一时的想法或情感前面冠上“我”的名号，
不要说“我的想法”或者是“我的情感”。
如果经常在自己无法掌控的情况下将一时的情感说成是“我的”，
就只能徒增烦恼，备感痛苦。

请不要将想法等同于自己本身。

想法只是在无法受我们左右的外部环境影响下暂时出现的浮云而已，

它并不代表我们的本性。

把握不好想法，甚至诱使人自杀。

因此，请不要过于执着于我们的想法。

真正的自由是心灵的自由。

——吉杜·克里希那穆提[1]

1 吉杜·克里希那穆提是印度哲学家，一生走访几十个国家传播心灵指导，其经典名言、书籍不胜枚举。——编者注能够被观察到的所有对象都不是真正的自己。
比如，存在于我们身体外部的水杯、树木、建筑等，
不能因为我们能够观察到就将它们定义成我（I），
它们只是被观察的对象（other）。
同理，对于存在于我们身体内部的感觉、情感、想法等，
也不能因为我们察觉得到它们的出现和消失，
就将其定义为我，它们也只是被观察的对象。

即，真正的自我不会在被对象化后观察到。
人们之所以感到痛苦，最根本的原因就是，
将被观察到的对象定义为我们自己。

平和并不是说我们的生活条件能够按照自己所愿而改变，
它源于我们能够领悟到自己的存在本身。

——埃克哈特 · 托利[1]

1 埃克哈特·托利是剑桥大学研究员、导师，曾在2011年世界百位灵性导师中位居首位。——编者注

所谓的真理或本性，
不会有一刻丢失。
就如同我们无法丢失现在一样。
即使我们因为沉浸在过去的回忆里而错失了现在，
现在也不会消失。

所谓解脱，
是指不存在对不完美事物的不安。

——僧璨禅师[1]

1 僧璨禅师是中国禅宗三祖。——编者注

我们会感到累并不是因为过去抓着我们不放，

而是因为我们总是回顾并沉浸在过去之中无法自拔。

请放下过去吧，

让自己如同江水一般继续走下去。

真正的自我不是记忆中的江水，

而是在江边静静观察其流淌的人。

迎接，布面油画，150厘米×80厘米，2010年

## “您就像菩萨”

高中的时候我虽然对佛教不太了解，但还是非常期待佛祖诞生日的。在不热也不冷的五月，学校会放一整天假，而且首尔钟路的街道会布满美丽的花灯，非常漂亮。晚上走在满是霓虹灯的大街上，会让我暂时忘却学业的压力和对未来的不安。尤其是登上离家不远的北汉山道洗寺，走在五色花灯照射下的小路上，听着随身听里传出来的乔治·温斯顿或赛门与葛芬柯的音乐时，心情会变得非常平和。

当时的我有一个乐趣，那就是每周末的下午能和从美国来的传教士们一起打篮球或台球。那些二十岁出头的传教士似友似兄，和他们在一起时我自然就能够学到英语和西方文化。同时，通过与这些传教士的交流，我对生活的终极疑问和对宗教的关心有了大幅提升。我们为什么会出生、我们死后又会如何，还有充斥于整个世界的不公平现象以及我是谁等，很庆幸我们能用英语交流这些问题。也许是因为在学校无法问出这些问题，因此我感到十分开心。

佛祖诞生日到来之际，我肯定会劝说这些传教士朋友：既然来到了韩国，难道不想了解一下韩国的传统宗教吗？其实当时，我对佛教的认知基本为零，也算不上是佛教信徒。只是不知为何，我非常想把韩国的佛教传统展现给他们。不知他们是认为我说的话有道理，还是想登山，抑或是想更好地观赏美丽的花灯，在某一天的傍晚，我们一起来到了北汉山道诜寺。

站在佛堂前方的白人传教士们在感叹传统寺庙美丽的同时也向我提出了问题。他们看着屹立于寺庙门口既威严又有一些恐怖的四大天王问："佛教为什么崇拜恶魔呢？"看到在石头雕刻成的摩崖佛像前行礼的信徒们问："为什么那些人要向石像行礼？这不属于偶像崇拜吗？"对于这些，我连最为粗浅的回答都给不了他们，更别说深刻地说明了。当时，由于我对佛教的无知，我无法告诉他们在佛教中，四大天王的作用就如同《圣经》中出现的拥护并侍奉上帝的加百列、米迦勒等守护天使，他们是佛祖的护法神将。而且当时的我认为佛像就是菩萨，因此觉得如果向佛像行礼的话，佛像对应的菩萨就会接受我们的祈愿。现在想想，当时的自己简直是无知透顶。

但是进入大学之后，我系统地学习了宗教学，在《金刚经》里学到了"真正的菩萨是无法看到其具体形象的"。即，被视为真理的菩萨并不具备类似于人身的样貌，它们是充满于宇宙中的无形的醒悟之心。这种醒悟之心是所有生命体的本性，这在我看来与菩萨别无二致。因此，我们虽然是对着被称为菩萨的形象体行礼，但其实最终是向无形的内心本性行礼。

在成为僧侣之后，为了学习朝鲜佛教，我看了《朝鲜语录》。与其他经传不同的是，它里面充满了能够唤醒心灵本性的古代高僧的箴言。他们问：

“我们之所以觉得石佛神圣，究竟是因为石佛原本就神圣，还是因为我们的心觉得神圣？”

对于同一尊石佛，有的人会觉得神圣，而有的人会无动于衷。那么真正的神圣究竟是存在于塑造佛像的石头之中，还是存在于懂得神圣的我们的内心之中呢？

我在学习知识的过程中迎来了一次可以亲身体悟所学的机会。那就是金井山梵鱼寺住持师父组织的看话禅集中修行活动。在短暂的时间里，按照大师的指点集中心智，一个一个经历平时在《朝鲜语录》中看到过的疑情、打成一片、疑团独露等多个过程，结果我第一次体会到了自己的所有思绪在被中断之后回归心灵本性的状态。

如果非要用语言来表达存在于语言界限后面的本性的话，那就是一下子醒悟的内心并没有死，而是非常鲜活地感受到了整个世界充满自己。而且我还明白了，宇宙中所有有具体形象的事物都源于我们觉悟的心。这颗心在宇宙创立之前就已存在，现在也继续存在着，它不会灭亡，也不会消失。它就如同能够接纳云朵、惊雷和雨水的天空，如同音乐背景下存在的静谧，如同能够映射出世间万物的镜子，如同母亲在远处注视着孩子玩耍的视线般一直存在着。宇宙万物都存在于这颗心里，不存在能够脱离这颗心的事物。

在经历了这些之后，我的身上发生了意料之外的变化，那就是“慧敏”这由两个字组成的名字被广为人知。回顾我的人生，存在很多不足之处和羞愧之处。而且，在我的修行还不圆满的情况下，很多人都来找我，这让我备感惭愧，脸上时常滚烫滚烫的。当我内心的纠结达到最高峰，不知今后该如何生活的时候，我来到了凤岩寺。在与学习了一辈子佛法的优秀禅僧一起生活的同时，非常有幸能够向首座觉明禅师询问有关修心的相关内容。

觉明禅师说：

“菩萨在进入唤醒本性的第一个阶段——初地的时候，其实通过看经传或语录就能够全部明白，但他还是又向前走了九个阶段，达到十地是希望自己平时的行动能够与自己觉悟的内容实现统一。因此，想要听到菩萨的声音，仅是看到内心的本质是不够的，还要让市井平民都能够根据他的行为说出‘您真的就像菩萨一样’的话语，这样才能实现。”

世上最困难的事情就是将自己所想付诸行动，而且还需要知行合一。静观我自己会发现，我距离达到这种境界还有很长一段路程，因此只能是满怀惭愧。但是，我还是希望能够在现有的情况下努力活好每一天。虽然还存在很多不足，但还是希望能够一点一点地缩短知行之间的距离。钟路街道两侧悬挂着的五色花灯的灯光依旧和高中时候一样美丽。

•

虽然身体上了年纪，
但内心却似乎还停留在二八青春阶段。
这是因为我们的内心是没有年龄的。
永远都存在的现在就是内心的年龄。

•

你是否会觉得宇宙之浩瀚
被我们的内心所束缚住了呢？
实际上并非如此。
内心能够知晓宇宙，
是因为内心如同宇宙般宽广无际。
我们内心的碗中包含着宇宙，
这个世上并不存在比内心更广大的宇宙。

•

我们所了解的内心和宇宙空间实际上是一个完美的整体。
我们所了解的内心制造了空间，而空间的存在让我们能够了解内心。

•

如果能够在阴暗寒冷的雨后进入一间宽敞温暖的屋子，
会感到无比温馨。
这就像是在世间俗事不断、辛苦之事很繁重的情况下回归内心，
进行一场心灵的修炼。
不管怎么说，现在所经历的这些难事都是上天赐予我们的、
促使我们学习的机会。

•

修行并不是一定要在特定场所才能进行。
我们的内心与俗世发生不快的地方就是我们的修行之地。

•

正是身边那些不愿意见到的人将自己内心深处的一面挖掘出来，
才让我们的心事得以袒露。
因此在修行方面，
没有比自己不喜欢的人更好的师父了。
性彻大师曾经说过：
“最大的修行就是忽略别人的缺点。”

●

过去的伤口和心灵的创伤是很难通过冥想或者参禅来治愈的。
在进行能够让身体活动起来的瑜伽或者登山的同时辅以心理治疗，
要比心灵的修行更加有效。
在心灵的创伤没有得到解决的情况下直接进入修行，
不但不会进步，还会让你将过去那些扭曲的记忆认为是“自己”的错误。

●

不要误认为自己拥有可以驱使身心的东西就能做好修行。
而要吃好，睡好，不给身体过多的负担。
身心健康能够保持平衡，你才能迅速进步。

●

当修行者患病的时候，他们会非常清楚自己的修行成果。
因为身体迟缓，他们的话语会先于行动，
难以达到“灵肉合一”的状态。

●

最初想通过努力来成佛，
但经过不懈的努力后突然醒悟，其实整个世界已经成佛。
最初想通过自己的努力来获得老天的怜爱，
然而现在却明白，老天片刻都不曾爱过我们。

●

最大的神奇之处是，
一旦参透了自己内心的本性，
就会同时参透这个宇宙。
菩萨虽然是环顾整个宇宙来帮助众生，
但实际上，这也基于体悟自己既是“菩萨”也是自我的事实情况。

●

以下这些词代指的是同一事物。
现在、安静、无念、平和、空、
内心、醒悟、宽容、自由、完整、
爱、怜悯、生命、无是非、不知。

●

醒悟了并不意味着人格的彻底形成。

醒悟之后，还需要通过与他人的相处来磨合人格。

我们需要明白，通过努力学习来获取这个世界所需的知识是上计。

因此，醒悟并不是结束，而是开始。

●

觉悟高的师父不会让你只按照自己的想法来行动。

他们会告诉你，如果有更好的师父，一定要从那些师父身上学习。

他们会非常关注弟子在心灵方面是否能有很好的成长。

他们不会为了维持自己的势力而将弟子视为己有。

将师父视为神来崇拜，试图通过他的权威来压制人，

虽然能够对师父产生感恩之心，

但还是希望你能在受到更大的伤害之前从那个组织中逃离出来。

●

如果只有理性而没有感性，

那么即使看到了别人的苦痛也不会感同身受。

如果只有感性而没有灵性，

那么在与苦痛相遇时就会失去希望，任其摆布。

如果只有灵性而没有理性，

那么就会陷入似是而非的境地，一味痛苦。

●

请不要被宣扬自己已经醒悟的人所迷惑。

如果说醒悟的内容不存在“我”，

而“我”还是存在着才得以觉悟，

这难道不是前后不一吗?

《般若波罗蜜多心经》中提到“以无所得故”，

即，物我两空才是大自由。

没有我，也没有所得，

又怎么能够宣扬自己有所醒悟呢?

●

严格来说，并不存在醒悟之人。

只存在醒悟的瞬间而已。

——铃木俊隆禅师[1]

●

中国宋朝的高僧曾经说过：

“下雪的时候，寺庙内能看到三种僧人。

第一种，进入禅房坐禅。

第二种，用言语讨论醒悟。

第三种，拿着吃的东西喧嚷。”

那么以上三种情况都喜欢的我又算是什么?

---

1 铃木俊隆禅师是日本曹洞宗禅僧，20世纪中期，在美国加利福尼亚州建立了西方第一所禅修院，成为历史上影响西方禅宗发展的人物之一。——编者注

•

"厌烦万事的感觉"——如果这种感觉出现，
无论是修行还是其他，都会被化为焦土。

•

有一种方法能够让我们知道究竟是应该继续还是彻底结束修行。
还有想问别人的问题吗？
还有想得到确认的东西吗？
如果有，那么就继续修行。

•

参透真理就像是通过新机会来对很久之前就听说过的、
虽然已经知道但还没有进一步接触的事物有一个更深层次的学习。
其实并不是因为我们不了解而无法领悟，
而是因为虽然了解，但还没有经历过。
大彻大悟的那天，似乎会明白圣人们之所以会这么说，
其实是有他们的道理的。

•

机息时便有月到风来，
不必苦海人世。

——《菜根谭》[1]

---

1 《菜根谭》是中国明朝学者洪应明收集编著的处世思想语录集。这句话意为心思、念头停止休憩时，就会有明月高悬、清风徐来，没必要沉沦苦海过人世。——编者注

# 8. 包容篇

## 允许做回真正的自己

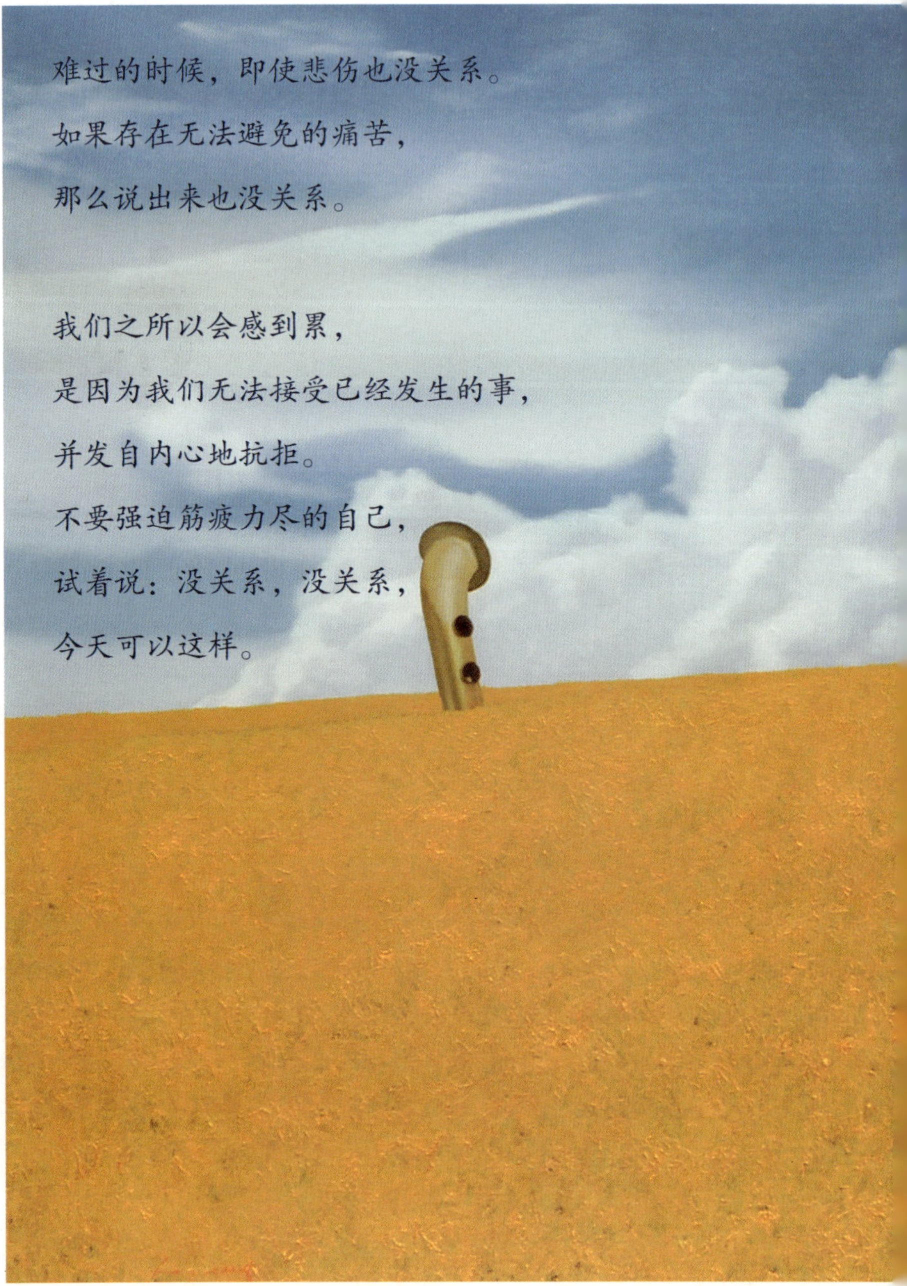

难过的时候，即使悲伤也没关系。

如果存在无法避免的痛苦，

那么说出来也没关系。

我们之所以会感到累，

是因为我们无法接受已经发生的事，

并发自内心地抗拒。

不要强迫筋疲力尽的自己，

试着说：没关系，没关系，

今天可以这样。

融洽，布面油画，72.7厘米×53厘米，2011年

# 请允许自己难过

虽然生活中我们经常会听到“放下吧”这样的话，但却不太清楚该如何去做。此前经常会遇见因为无法放下过去的伤痛、无法放弃实现不了的愿望而倾诉痛苦的人。比如说，虽然想尽快忘记给自己带来伤害、让自己感到失望的人，然后过上新生活，可实际上当真尝试马上放下这些的时候，却总是会想起那些人，从而感到心里非常不舒服。而且，有些时候我们为了实现自己想要做的事情不懈努力，可是到了最后时刻却没能成功，只能重新找新的事情去做，此时的遗憾和挫败别说能够放下了，反而会让我们更加迷茫。

所有人都会经历生活带给自己的失望和挫败。每当这个时候，周围的人经常会和我们说：“都忘了吧，时间会解决一切的。都放下吧。”然而奇怪的是，一旦决心放下，那些想要忘记的人、想要整理的记忆反而会再次涌上心头。虽然希望能尽快放下，去除杂念，但随着时间的慢慢流逝，由于无法做到，会不知所措，不知道该怎么做才能够让自己的内心平静下来。

“放下”其实是“接受”的另一种表达。放下并不是说让我们去除过去痛苦的回忆。因为虽然希望过去的这些痛苦记忆能够用橡皮擦掉，但实际上这是不可能实现的事情。越是努力想要忘却，越是容易想起那些不好的事情。然而，有非常重要的一点需要我们注意，那就是我们会感到疲倦并不是因为过去的回忆本身，而是因为伴随着回忆而来的遗憾、失望和挫败等情感。

虽然这比较微妙，但却有很大的差异。如果回想一下那些十年前让自己感到痛苦的情况就会发现，放到现在它们并不会让我们感到像当初那样难过，因为依托于记忆的情感经过一定程度的整理会逐渐消失。即，让我们感到疲惫的并不是回忆本身，所以没有必要刻意抹杀或者是压制这些记忆。

那么，为了能够放下我们该怎么做呢？答案就是允许自己疲倦。不要否定或者回避那些伴随着记忆而来的情感，要允许它们存在。如果能够允许这样的自己存在，那么在允许的瞬间，你的心理状态虽然会很微妙，但却能够立即发生改变。虽然之前一直认为那些消极的情感是让自己难过的问题所在，且自己对此力不从心，可一旦允许它们存在，难过的心情就不会再延续，而且还会停止。换句话说就是内心突然变得平静。之前一直试图通过各种办法来让这些消极情感发生变化，甚至是企图忘却，但如果能允许它们存在，所有的心理活动都会停止，而且你会非常自然地关注它们。

如果在安静的状态下用心观察自己的情感，那么就会触碰到一些神奇的经历。也就是我们会发现，原以为只存在某些消极情感的内心，实际上还存在着这一时刻关注着这些情感的“另一个我”，或者说是“那个人”。原以为这个世上只有自己在奋斗着，可实际上我们会感到仍存在一位一直关注着我们内心的人。有时候你似乎能听到他说：“心啊，你现在一定很难过吧，会有多痛呢？”

此时，通过这些关注，我们开始感到在那些痛苦的情感、距离感、空间感出现的同时，似乎自己可以包容它们。在我们的内心接受了这些情感之后，我们就会开始感悟到自己的内心还余下更大的空间。

就像是痛苦的情感被关在了又小又黑的心灵小屋里，如果突然将壁垒推倒，就会发现这些情感正处于如公园一样温暖、宽敞的空间。虽然这些情感不会消失，但是你也不会再认为这是什么大问题。当我们不再想要固执地回避这些情感，并试图改变它们的时候，当我们感到自己能够包容这些情感的时候，我们的内心就会开始变得平和。

当你在生活中因为无法放下某些东西而感到难过的时候，请允许这些心理状态存在。只要在心里默念“累些也没关系，疼些也没关系”，内心就会在趋于平静的同时发现能够用慈爱的眼光来拥抱这些的另一个自己。

难过的时候无须努力扭转它。
因为努力也许会加重这些消极情感，让自己更加难过。
别让那些已经萌生的情感因自己的意志而改变，
让它自行决定停留时间。
我们需要做的是尊重这段时间，并静静地等待。
因为情感虽然源于我们的内心，
但却不从属于我们，
它可没那么顺从。

在做回自己的瞬间，
会感觉到内心的平静。
在认可并拥抱原有一切的瞬间，
会感觉到存在中蕴含的爱。
我们无法变成他人，
而且也没有变成他人的必要。

如果能够允许并接受自己“孤独”“难过”“虚弱”，
在接受的同时就会非常神奇地产生一种力量。
如果能够如实地认可事实，
就会明确下个阶段走下去的方向并产生勇气。

当执着于“要放下执着”的想法而无法放下时，
当洞察到执着后会有哪些痛苦在等待自己时，
通过这种智慧的力量就能够放下。
当你想要吃粘在刀尖上的蜂蜜的时候，
请先看看是否值得。

“你口口声声说是别人强迫了你为他做改变，
但也许这是出于你自己无法满足现状，
而并不是出于别人的问题，
从根本上来说，这可能是你自己的问题。”

“如果你爱我，为了我，难道你不应该配合我吗？”
严格来说，这种说法并不是爱，而是自己的贪欲。
爱的真谛是包容和自由，而不是束缚和控制。

越是善于自我节制的人，当事情不能如自己所愿的时候，
一旦缓过神就越可能会试图去束缚，甚至是控制周围的人。
因为他们认为应该把这种自我节制普遍化，即别人也需要这样。
这种人只活在自己的世界里。
如果能首先允许不完美的自己存在，你才能接受别人。

如果你认为某件事物是个问题，那么它实际上并不算是问题。
因为如果你觉得它构成问题，就会试图挑唆那些不认为那算问题的人改变自己的想法。
在认为那是个问题之前，你不是也在好好地生活吗？
这难道不是因为自己的一个想法而使周围的人也跟着受苦吗？

有些人会说："这明明是别人的问题，为什么非要让我放平心态？"
可是大家仔细想想，如果你反问对方，对方会如何回答呢？
难道对方不会说这不是他们的问题，而问题在你这样的话吗？
如果双方都不能摆正心态，最终只会导致双方关系土崩瓦解。
而且，与其试图去改变对方，先转变自己的想法效率会更高。
如果能先放平自己的心态，那么对方也会很快感受到这种变化。

当生活中发生令人头痛的事时，
大家可以回想一下卡内基说过的话：
“我们纠结于一年之后会完全忘记的事情的同时，
也在浪费自己现在宝贵的时间。”
如果你现在正在为某事而烦恼，
就试着回想一下一年前曾经令自己头痛的事情吧。
现在你还会为那些事而难过吗?
也许你现在都很难想起来那些事了。

生活中难免出现心烦意乱、想要放弃的时候。
此时，无论再怎么辛苦也请忍耐一下。
在忍无可忍的时候，请再做一次努力。
如果忍不住，那么其间所积压的一切负能量都会一起发泄出来，
这很有可能会让自己后悔。
在困境中懂得了忍耐，就会显露出这个人的价值。

●

工作的过程中经常会出现好事与坏事并存的情况。

此时，如果因为自己讨厌坏事而干脆抛开，

那么好事也会一起被丢弃。

聪明人会做好当好事来临必定会有坏事随之而来的准备。

●

如果一个人发展过快，

那么不久之后就会听到批判他的话语。

●

对于我们来说，似乎不存在完美的幸福和健康。

突发横财，兄弟之间会发生争吵；

有了权势，家人会担忧；

太过顺遂，会出现想象不到的阻力。

遇上其中一种情况，就一定会失去另一种。

宇宙就是如此运转的，我们之所以会期盼幸运，

是因为我们只看到了其一，而看不到其二。

●

当寒风刮起、天气变冷的时候，我们都不愿意外出。
可是，正是因为这些寒风，微尘才会消失，空气才会净好。
像这样一开始看起来很糟糕的东西，
在仔细观察之后就会发现它的好处。
这似乎是一个真理。

●

幸福人生的秘诀就是——
喜欢现在正在做的事，
而不是做自己喜欢的事。

——慧光大师[1]

●

虽然人们最初都是向着成功奔跑，
可随着年龄的增长，就会发现其他事物的价值。
有升就有落，因此，与成功相比，
我们的关注点会渐渐转移到人与人之间的关系、
心灵的修行，以及随之而来的幸福之中。

---

1 慧光大师是中国佛教宗派之一律宗的创始人。——编者注

即使处于十分优越的环境中，但仍无法接受，
甚至还要求更多的话，就不会得到幸福。
因为幸福只有在通过接纳来使心灵平和的时候才能被感觉到。

“知道僧人在第一次收到工资后做什么事情感觉最好吗？
自己掏钱帮助别人的时候感觉最好。”
是啊。还有其他的幸福吗？这就是幸福。

期望很久的事情得以实现，似乎会感到幸福，可其实不然。
一旦实现以后就会发现，短暂的幸福背后会涌来一种空虚感。
成功之后，那些难以设想的新情况会蜂拥而至。
因此，请享受现在的过程。
因为生活是没有完成可言的。

生活的态度，布面油画，50厘米×100厘米，2015年

我们需要学会放空自己。

我们总是试图充实自己，

可实际上一片空白中蕴含着完美和智慧。

想法太多反而会导致难下决断，

你也不会一下子想出好点子。

请相信空白中存在智慧，

让大脑暂时休息一下。

# 当即使努力<br>情况也没有好转的时候

去年年初，得克萨斯州的秋信守[1]联系了我。我们因《人生那么长，停一下又何妨》一书而结缘，之后经常会发信息或打电话，最终成了好朋友。如果他在纽约有比赛的话，我偶尔也会去给他加油。由于去年上半年在击球区的成绩没有预想的好，因此他向我咨询如何才能走出低迷。看到独自一人在国外奋斗的秋信守的情况，我非常担心，他的事就像是我亲弟弟的事。高年薪固然好，但他也需要拿出配得上高薪的成绩，而且还要报答粉丝们的支持与期待，因此心理压力非常大。当我问他为了摆脱目前这种情况都做了哪些努力的时候，他说他尝试过自己能够想到的所有方法，但却依旧没有找到真正的解决之道，因此非常郁闷。

---

1　秋信守是韩国棒球运动员，目前效力于美国职棒大联盟的克利夫兰印第安人队。——编者注

其实我们所有人在生活中都会经历这样的情况。即使不是像秋信守这样的低迷，也会遇到努力之后情况仍得不到好转的时候。最近，我也遭遇了一件与健康相关的事情。去年冬天我得了场重感冒，后来其他症状都消失了，但嗓子却一直没好。虽然定期用盐水漱口，还按时吃医生开的处方药，但还是不见好。这种疼痛持续了好几个月，其间做了电脑断层扫描（CT），还接受了中医的针灸治疗，但还是无法找到发病的原因。

很多人通过社交软件和我说过与之类似的情况：非常努力地学习了，可成绩还是长时间原地踏步；过去几年将所有精力都放在生意上，可还是不见起色；虽然为了改善与婆家人或单位同事之间的关系而做了努力，却毫无进展；身体的疾病没有转好的迹象。这些都会让我们感到挫败和忧郁。

虽然尝试过到教会、教堂或者是寺庙祈祷，也尝试过其他能够想到的方法，但即便如此仍没有发生任何神奇的变化。此时，我们该怎么办呢？当“再坚持一下就好了”这样的安慰之言再也无法抵达心田的时候，当不管如何努力都看不到好转迹象的时候，我们需要拥有何种心态才能克服这些困难呢？

首先，我们需要用更广阔的视野来看待目前的情况。有涨潮的时候，同样也会有退潮的时候，然而我们只是将涨潮视为真实，而将退潮视为虚假；有晴空万里的时候，同样也会有梅雨不断的时候，而我们总是希望可以一直万里无云，难道不是吗？能够坦诚面对我们现在所经历的下坡路也是人生的一部分。请大家检讨一下曾经是否因为事事不顺或是不喜欢现在的经历，抑或是易怒、感到不安而总是指责别人呢。长远来看，现在的低迷是为了迎来再一次的飞跃所必须要经历的一个阶段。而且，在经历过这些之后，当我们再次登上顶峰时，便不会骄傲，懂得谦虚，不浮躁，还会变得更加睿智。

其次，将现在的情况视为能够引发内心深处怜悯之心的机会也是非常重要的。当事情进展得很顺利的时候，我们会觉得这是理所当然的，并很容易误以为这都是通过自己的努力而获得的。因此，当遇见成绩或地位比自己低的人、身体不好的人，抑或是在人与人相处的过程中总是挨骂的人时，会认为之所以会这样，都是他们自己的错。生意不好是因为他没有努力，薪水低是因为没有好好工作……然而，这个世界就像是盘根错节的网一样，怎么可能都是一个人的错呢？如果所处的社会关系和环境非常艰难，那么即使再怎么努力也很难解决问题不是吗？请回顾一下，现在出现的情况是否是因为我们过分相信自己，或者是因为没有好好地去了解对方的心情而导致的呢？就像我们无法掌控现在的情况，对于他们来说，当时是否也存在即使再怎么努力也无能为力的情况呢？请将此次低迷当成一个机会来向周围的人表达感谢，传递温暖。

最后，要坚信我们现在所付出的所有努力会一点一点聚集起来，并最终改变现状。之前曾经听朴赞浩[1]说过这样一段话：不管我现在是否处于低谷，不管别人是否都在嘲笑我，现在我所能做的唯一一件事情就是向击球手扔球。当然，投出一个好球并不能让我从低谷中完全走出来，但是如果将这些好球一个一个累积起来，就会让情况发生改变。

现在所付出的每一分努力都不会是白费的。就像梅雨也会有结束的一天，太阳也会重新升起一样，努力终究会有回报。在写下这些的时候，我收到了秋信守连续得分的消息。让我们一起努力吧！

1 朴赞浩是韩国棒球投手。——编者注

●

在人生这个用碎布拼成的包袱里，称赞与非难、快乐与悲伤、信任与猜疑、幸福与痛苦被编织成一个整体。
因此，当遭遇非难、悲伤、猜疑和痛苦的时候，
请不要害怕，也不要失去重心，因为这些就像是修炼一般。
如果我们能够接受负面的东西是与自己的人生共存的这个真理，
我们的内心就会变得平和。

●

即使是感觉黑暗没有尽头般一直持续着，
白昼也会从某个瞬间开始一点点变长。
同样，即使是感觉苦痛没完没了地持续着，
但从某个瞬间开始这种感觉也会慢慢减少，
只要你懂得放下。
我们会在这些消极的情绪中学到一些知识。

世上没有永存的东西，
我们的苦痛也是如此。

●

人生如果不存在逆境，那么我们就很难有所发展。
在为解决自己所遇到的困难而奋斗的过程中，
我们会拥有新的能力，同时我们的“内功”也会更加深厚。

在被称为生活的旅行中经历一些苦难，
能够让我们再次全面地审视自身，
能够让我们想到正在经历相似苦难之人的痛苦，
这些经历是燃起我们怜悯之心的基础。
愿正在经历这些苦难的朋友们，
能够从这些经历中发觉到智慧和怜悯。

即使是我们曾经帮助过的人，
或者是一直充满期待的人深深地伤害了自己，
也请将他们视为我们最好的老师。

近观一个人会发现，
其实我们每个人都是矛盾、脆弱的存在。
语言和行为会根据情况而有所不同；
在不同人的面前所说的话也不尽相同；
能够善待他人，但对家人却很随意；
价值观也会视情况迅速进行调整……
所谓的成熟是能在自己主动回顾这些不完美
以及前后不一的样貌的同时进行自我反省。

•

心灵的成熟伴随着承认并接受不完美的内心也是自己的一部分这个事实。
如果能够承认自己的内心存在时而像孩子，
时而非常暴力，时而又极度利己的欲望，
那么就能够更深入地理解他人、宽容他人。

•

心智越是成熟，
就越会感到自己能取得成功是因为很多人的帮助。
能够认识到事情不是由一个人能完成的时候，
能够向周围的人很好地表达感恩之情的时候，
成功就会随之而来。

•

能够确保自己不在有能力者面前卑躬屈膝的方法，
就是满足于自己的生活。
如果对别人没有任何的欲求，
那么我们就可以堂堂正正地面对任何人。
我们在对别人有欲求的时候才会变得卑躬屈膝。

•

贪婪的反义词不是禁欲，
而是懂得满足的心。

•

非难、指责我们的声音，
要比支持、真心爱惜我们的声音大很多。
因此，当我们处于艰难的环境中时，
往往很难听到支持自己的声音。
但是，请再稍微等一等。
当非难我们的人“哗”的一下去指责别人之后，
我们就会开始看到支持自己的人。

•

当九件好事和一件坏事同时发生时，令人奇怪的是，
比起好事，我们似乎更加在乎唯一的一件坏事。
这是因为在原始时代，
人们为了生存更关注威胁自己的事的习惯被遗留了下来。
当发现自己更加关注坏事的时候，请发自内心地说：
“没关系，现在不是原始时代。
等坏事真的发生时再担心也不迟。”

我们最害怕的事情之一就是，
在我们把自己真实的样貌展现出来的时候遭到别人的拒绝。
因此，即使是对关系极为亲近的挚友也无法敞开心门，
由于独自承担这些包袱，只感到身心疲惫。
当别人向我们敞开心扉，让我们看到他们真实的一面时，
请不要去评判他们，要接受他们，关心他们。
就像我们自己也是不完美的一样，没有人是完美的。

坐在副驾驶座上的人在非紧急情况下，
是不应该给驾驶员出任何有关驾驶的主意的。
每个人都有属于自己的驾驶风格。
驾驶的事情就完全交给驾驶员，
我们只需要说说笑笑地到达目的地，
这样才是皆大欢喜！

我们经常会认为按照自己的方式完成的事情才是“正确的”。
因此，当看到他人用与自己不同的方式做事的时候，
我们就会因为觉得这是个问题而总想让对方修改。
但是，别人所采用的不同的方式对于我们来说只是不熟悉的方式，
而不是错误的方式。
也请大家尝试一下不同的方式，
这样我们就会发现之前不了解的世界。

当我们对他人发火的时候请注意，
其实我们只是因为他人没有按照自己的方法做事才会这样。
他人也有自己的处事原则和缘由，
也会遇到不能如愿的情况。
我们很难忽略这些事实的存在，
也很难要求别人一定要按照自己的要求来做。
角色互换一下会发现，如果出现同样的状况，
我们自己也会很为难。

●

内心的苦痛是在应该做的事不但没做，反而被推迟的时候出现的。
确定好今天一定要从某个时刻开始做这件事情之后，
既定时间一到，就应该二话不说，马上开始。

●

生活中总会出现现在是否应该处理某件事的烦恼。
如果不着手会让自己记挂很长时间的话，
那就赶快完成并忘记它吧。

●

我如果在书店发现自己想看的书就会马上买下来。
将其先放到书架上，总有一个瞬间会想拿下来读一读。
现在看起来比较难的人文、社会、哲学类图书或者是很厚的小说，
总有一天我们会读懂它们，并非常享受读书的过程。

●

突然拜托僧侣说“对我说点儿好话吧”，
与一看到笑星就不假思索地说“来一段吧”是一样的。
因此我们需要提前储备好不知何时就能用上的“好段子”。

好不容易打到了车，出租车司机却问我：

“师父，您和之前因为写《人生那么长，停一下又何妨》而上电视的那位师父长得好像啊。您经常会听到别人这么说吧？”

用休息和幽默来缓解自己身心的紧张感，

就会觉得之前坚决无法接受的事情现在似乎也能接受了。

希望阅读本书的读者朋友们能够放平心态，

能够接受之前一直困扰大家的问题，并及早地放下。

当花开之时，

当晚霞漫天之时，

当生命凋零之时，

我们可以在深深的悲伤中，

学会理解并接受人生的智慧，

学会赞赏他人的谦逊。

——李海仁修女，《小祈祷》作者

# 致慧敏大师的信

李海仁（修女、诗人）

慧敏师父：

现在是初春的早上，我第一次给师父写信，这封信也可以称为我的读后感。在前往工作室的路上，曾经和师父一起拍过照的栀子花树、山茶花树等众多花树都在和我问好。梅花树已经迫不及待地开出了白色的花朵，在告诉我们春天来了。

昨天我一字不落地拜读了师父您写的《不要活得太完美》。我预感这本书也会像您之前出版的《人生那么长，停一下又何妨》一样，一定能够成为全民畅销书。

师父的书能够超越教派广受欢迎，并不是因为师父您帅气的长相和令人羡慕的高学历，而是您作品字里行间所蕴含的能够治愈心灵的力量和您谦逊的人品。您那看起来短小却寓意深刻的箴言，比起那些严肃而死板的说教更能引起读者的共鸣。您的文章更有人情味，就像拉着朋友的手在交心。

单看“不要活得太完美”这个书名就能让人感到鼓励和安慰的力量，希望有更多的人通过阅读此书，成长为充满善意和爱意的人。即使生活不完美，也希望大家能够继续期盼爱，并相互关照。

我非常欣赏师父每次袒露出来的不加修饰的自然样貌。您每次来我们修道院时都非常喜欢吃我们这里的荞麦面。当听到一些悲伤的故事时，您会像单纯的少年一样眼泪汪汪。当您在吐露自己因受大众欢迎而被媒体曝光所经历的一些苦难时，会连带着聊一下许久之前我成为修女、诗人时经历的痛苦历程，并将这些作为一些小插曲说给我听。当时您开怀大笑，令我很吃惊。您说：听了我的故事之后备感安慰和安心吧。

我的姐姐——封锁修道院的卡梅尔修女，连我们父母去世的时候也没能回来参加葬礼。而我却是可以和世人自由交往的本笃会修道者。就像佛教中既存在只在禅房修行的僧人，也有在俗世中修行的僧人。

诚如许多种树木聚在一起才能形成美丽的森林，不同的花朵盛放在一起才能形成漂亮的花园，每个人修成正果的道路也会有所不同。对于吃同样的苹果，有的人会隐晦地表达不喜欢吃，有的人会在享用苹果的同时表达对种苹果之人的赞美。没有吃到苹果的人似乎并不能仅凭吃苹果者外表所表现出来的情绪对苹果轻易下结论。

这个世界上存在很多物质上很富足但身心伤痕累累的人。对于那些动不动就流着眼泪想死、叫喊着孤独的人来说，师父您正在扮演着他们宝贵的导师和安慰者的角色，而且我坚信今后也会如此。

对于具有天主教信仰的我来说，在学习宗教学之前，我受到了很多对其他宗教的偏见和行动的制约。即使我们忠于自己的信仰，可还是应该尊重和理解其他宗教，然而现在还是会看到很多人仇视其他宗教，并与之发生矛盾和争斗。到现在为止，我还是因为无法在大众的视线中自由行动，拒绝过师父您拜托我的几件事情，但这些您都给予了充分的理解，非常感谢。几年前，法顶大师圆寂之前我也非常想去见他最后一面，可由于担心别人的想法，害怕被舆论报道，所以虽然当时身在首尔，却没能去看望大师。

我的第一本诗集《蒲公英的领地》出版于1976年，当时师父您还是个刚开始牙牙学语的婴儿，有如此大年龄差的我们能成为朋友真是件幸福的事情。非常感谢能把我当成姨妈来看待。

以后无论谁说了什么，都希望您能继续将修行之路走下去。松茂柏悦！真心为师父新书的出版感到高兴，并祝愿今后能够大展宏图。希望您今后能够一直像青松般纯洁。只有经历过身心的苦痛才能获得一丁点儿欢喜，我会将其视为珍贵的礼物，在自己的轨道上快乐生活。虽然不完美，但却可以美丽，虽然不完美，但却依旧能成为爱的胜利者，我今后会致力于向世人展示这样的一面。引用本书中师父的一段话来结束这封信。

在被称为生活的旅行中经历的一些苦难，能够让我们再次全面地审视自身，能够让我们想到正在经历相似苦难之人的痛苦，这些经历是燃起我们怜悯之心的基础。愿正在经历这些苦难的朋友们，能够从这些经历中发觉到智慧和怜悯。

2016 年早春

釜山广安里本笃会修女院

海仁修女 敬上

希望我小小的安慰能够在暗黑的深夜成为朋友们

内心不灭的一颗小火种，

能够成为这个粗糙的世界中让人备感亲切的微笑，

能够在别人受到伤害的时候和他说“我会一直站在你身边”，

能够成为给予他温暖的双手。

虽然我并不完美，虽然世界并不健全，

但我却拥有完整的爱。

慧敏 敬上

少年的梦想，布面油画，116.8 厘米 × 72.7 厘米，2013 年

不 要 活 得
太完美